성찰적 창조도시와 지역문화

성찰적 창조도시와 지역문화

글누림 문화예술 총서 1

성찰적 창조도시와 지역문화

이현식 지음

글누림

책머리에

지난 몇 년간 이런저런 기회에 발표한 글들을 추려 모아 책을 낸다. 문화적 관점에서 도시를 어떻게 바라볼 것인가에 대한 주제로 글들을 묶었다. 1부가 도시에 대한 생각들이라면 2부는 도시를 구성하는 지역문화에 대한 생각들을 모았다. 3부에서는 그런 역할을 주도적으로 하는 지역 문화재단에 대해 써왔던 글들을 정리하였다.

원래 본업이 문학사를 연구하는 일인데 어찌 하다 보니 이런 일에 몸을 담게 되었다. 그렇지만 문학연구 못지않게 지역의 문화를 제대로 가꾸는 것이 사람 사는 세상을 만들기 위해 가치 있는 일이라는 확신도 생겼다. 그래도 글을 쓰는 일만은 버려서는 안 된다는 생각이 이런 책을 모을 정도의 성과를 내게 만들어서 다행이라고 생각한다. 지역문화 현장에서 일어나는 일들을 이런 방식으로 기록하는 사람도 필요할 것이다.

그동안 지역문화 현장에서 만났던 많은 사람들이 내게는 모두 스승이었다. 논쟁과 토론을 통해 많은 것을 배웠고 사업의 현장에서 깨달은 바도 많았다. 그런 중간 결산이 이 책이다. 지역문화를 매개로 만났던 모든 분들께 감사드린다.

아직 풋내기였던 대학원 석사과정 때 만났던 이대현 사장의 후의로 책을 내게 되어 더욱 감회가 새롭다. 번듯한 출판사를 일궈내기까지 겪었을 어려움이 눈에 선하다. 고생한 편집부 직원들께도 감사드린다.

부모님도 이제 칠순이 모두 넘으셔서 기력이 예전만 같지 못하고 어느덧 자란 딸아이는 머리 염색을 하라고 성화다. 그렇게 세월은 가는 것일 게다.

2012년 5월
이현식

제3부 지역문화의 새로운 거점 – 문화재단

제1부

성찰적 창조도시

인문적 성찰에 바탕을 둔 창조도시를 위하여

1. 창조도시 열풍

창조도시 열풍이 전국적으로 불고 있다. 서울과 이천이 유네스코에서 주도하는 창조도시 네트워크의 디자인과 공예 부분에 가입된 이후 일부 지방자치단체에서는 창조도시로 나아가는 발걸음을 서두르고 있다. 그 중에서 가장 적극적인 곳이 부산이다. 부산시는 시청의 정규 조직 내에 창조도시본부라는 부서를 만들고 여기에 창조도시기획과, 도시재생과, 도시경관과, 시민공원추진단을 설치하여 창조도시로 가기 위한 사업을 본격적으로 추진하고 있다. 본부장을 포함하여 공무원 69명이 근무하는 대형부서이다. 이를 자세히 살펴보면 부산시에서 생각하는 창조도시의 모습이 조금 더 구체적으로 드러난다. 창조도시본부에서 추진하는 주요 사업은 원(구)도심 개발, 도시균형발전, 도시재정비, 도시재생, 도시경관 및 공공디자인, 시민공원 조성사업 등이 주를 이루고 있다. 물론 이외에도 창조도시포럼 운영, 창조도시 네트워크 구축, 창조리더 교육 지원 사업 등도 이곳에서 추진하도록 되어있다.[1] 그러나 주된 업무는 도시에 대한 하드웨어적 재정비에 초점이 놓여있다. 요컨대 부산시가 지향하는 창조도시의 개념에는 주민들의 생활과 밀접하게 관련을 맺고 있는 도시 공간을 과거와는 다르게 계획하고 추진하겠다는 뜻이 반영되어 있으며 그것이 주로 도시의 하드웨어적 인프라와 연계되어 고민되고 있는 것이다.

한편 창의시정을 내세우고 있는 서울은 민선 5기에 들어서도 창의시정을 그대로 유지하면서 시정 방향 중 하나로 "창의와 활력이 넘치는 경제도시"를 내세우고 있다. "경제에 활력을 불어넣는 것이 최우선이며 그를 위해서는 창의와 상상력을 발휘해 기존의 하드웨어 위에 소프트웨어의 혼을 담아"내야 한다고 강조하고 있다. 시정 방향을 구현하기 위한 핵심 전략에서도 "창의와 변화를 위한 새로운 조직 문화"를 내걸고 "창의와 열정으로 가득 찬 직원을 육성하고 또 그러한 직원이 우대받는 '창의력 주식회사 서울'을 만들어 나가"야 함을 강조한다.[2] 서울은 창의시정의 방향을 경제 발전과 조직 혁신의 문제로 접근하고 있는 것이다.

이렇게 보면 부산이나 서울 모두 창조도시를 내세우면서도 그 함의

---

1   부산광역시 홈페이지(www.busan.go.kr) 참조.
2   서울특별시 홈페이지(www.seoul.go.kr) 참조.

가 다르다는 것을 알 수 있다. 창조도시는 조금 극단적으로 말하면 도시의 전 영역에 해당되는 수식어나 구호로도 사용될 수 있다. 그러나 창조도시를 주장했던 주요 이론가들의 내용을 일별해 보면 그 뜻은 몇 가지로 요약될 수 있다. 창조도시론자들은 국가의 시대는 가고 도시의 시대가 도래했다는 데에 큰 이견이 없다. 그런 전제 아래에서 도시가 발전하기 위한 새로운 패러다임으로 창조도시를 내세우는 것인데, 이들에 따르면 '과거 하드웨어적 도시 발전 전략이 아니라 도시가 그동안 주목하지 않았던 소프트 파워에 주목하자, 그리고 그 소프트파워의 여러 사례를 잘 구조화시키면 그것이 바로 창조산업, 창조계급, 열린 행정, 네트워크다, 그리고 그런 창조적 역량이 도시 성장의 새로운 원동력이다' 정도로 요약될 수 있다. 도시를 하드웨어 위주로 개발하기보다는 도시의 역사와 문화를 유지하고 보존함으로써 그 안에 살고 있는 사람들의 삶을 반영한 소프트웨어에 창조적 역량이 있음을 주목하고 있는, 그러니까 도시 발전 전략의 새로운 패러다임이라고 할 수 있다. 결과적으로 창조도시론자들이 말하는 창조도시를 만들어 나가기 위해서는 창조 산업, 창조 계층, 창조적 네트워크, 창조적 행정이 핵심 요소라고 할 수 있다. 도시의 특정 영역으로 분절시키기보다 도시 전체를 열려있는 동시에 연계된 총체로 인식하는 태도가 창조도시로 나아가는 것이 핵심적 관점이라고 할 것이다. 요컨대 도시 발전 전략의 2.0 시대를 창조도시론이 열었다고 말할 수 있다.

그런데 창조도시론이 특별히 매력적인 이유는 이른바 창조산업을 주도하는 창조 계층이 도시의 성장을 이끈다는 대목에 있다. 창조도시의 대표적 이론가인 리처드 플로리다는 미국 주요 도시의 성장률을 조사하면서 특히 문화산업을 포함해 창조산업을 기반으로 하는 도시들의 성장률이 높았으며 이런 산업을 이끄는 창조 계층이 모여 사는 도시가 미래 도시의 모델로 새롭게 주목받을 뿐만 아니라 성장의 원동력이 될 수 있음을 역설하였다.[3] 도시의 경제적 성장을 주도하는 산업으로 창조산업과 창조 계층에 주목한 플로리다의 견해는 객관적인 사실에 근거하고 있는 것이므로 설득력이 높을 수밖에 없다. 더구나 영화 「아바타」의 성공과 구글, 애플의 아이폰과 아이패드가 이끌고 있는 차세대 디지털 미디어 산업은 엄밀하게 살펴보면 기술력보다는 창의력에 기반을 둔 새로운 스토리텔링과 네트워크적 관점에 근거하고 있다. 오히려 기술력은 이런 아이디어를 뒷받침하기 위해 뒤따라오는 형국이다.

다른 한편 창조도시론자들은 도시 계획의 영역에서도 첨단 도시, 국제 도시라는 이름 아래에 대규모로 진행되는 각종 개발 계획이 도시 발전에 결정적인 역할을 하지 않는다는 것을 지적하고 있다. 글로벌 스탠다드라는 이름으로 도시를 개발하는 이런 사업들은 오히려 도시의 경쟁력을 퇴보시키고 세계적으로 유사한 도시들을 양산함으로써 정작 역사와 문화에 기반한 개성 있는 도시에 비해 경쟁력이 떨어지는 결과를 낳는다고 비판한다. 전통과 역사, 문화에 기초를 두면서 그 도시만의 창조적 가능성에 주목하는 것이 도시에서 살아가는 사람들의 삶이나 창조 계층의 유인을 위해서도 필요하다는 주장인 것이다.

---

3 리처드 플로리다, 이원호 외 역, 『도시와 창조계급』(푸른길, 2008) 참조.

2. 인문적 성찰의 필요성

창조도시론은 지금까지 보아온대로 도시에 대한 새로운 세계관과 철학적 바탕에 근거를 두고 있다. 개발보다는 보존, 과도한 이상보다는 현실, 경제주의보다는 역사와 문화에 바탕을 둔 인문주의, 글로벌보다는 지역의 전통과 개성에 가치가 있음을 강조하고 있다. 물론 이런 주장들이 개별 항목을 대립적으로, 그리고 상호 대결 구도로 보는 것은 아니다. 가치 비중을 어디에 더 두는가, 그리고 시민들의 삶에 더욱 유용한 것이 무엇인가를 현실주의적으로 지적하려는 의도를 갖고 있다.

그렇지만 한국의 도시에서 벌어지는 창조도시 발전 전략은 비판의 소지가 없지 않다. 결과에 지나치게 집착하여 창조도시론의 성과만 주목하고 그것을 쫓아가기에 급급한 것이 일부의 현실인 것이다. 사실, 창조도시론은 도시를 바라보는 철학과 관점을 배제하면 또 다른 개발 전략으로 읽힐 가능성이 높다. 창조산업을 육성하고 투자 유치를 받음으로써 도시의 성장을 이끌 수 있다는 데에 집착하거나 창조 계층을 유인하기 위한 각종 개발 사업에만 집중한다고 하면 그것은 모양새만 조금 바꾼 개발론이라 할 수 있는 것이다. 한국에서 진행되고 있는 창조도시 전략은 창조도시에 대한 성과가 과장된 감이 있고 관심 있는 것만 떼어 내어 분절적으로 강조되고 있다. 게다가 경제적 관점, 성장주의적 관점, 심지어 개발론적 관점으로 창조도시론을 자의적으로 왜곡하는 경우도 있는 것 같다. 이천과 서울이 유네스코의 창조도시네트워크에 가입되었다는 것에도 과도한 의미를 부여할 필요는 없다. 디자인과 공예 부분에서 창조도시네트워크에 가입되었는데 말의 온전한 의미에서 창조적 역량을 도시 전체가 갖췄는가에 대해서는 의문부호가 따른다. 용산의 국제업무지구 조성을 과도하게 추진하면서 빚어진 용산 참사에서 우리는 창조도시네트워크의 허상을 발견하게 되는 것이다. 창조도시론의 현실적 전개가 한국의 도시 곳곳에서 문제점을 노출하는 것은 창조도시론의 이론 내부에 그런 문제점이나 균열이 있기 때문이기도 할 것이다.[4]

그런 점에서 우리는 창조도시론을 왜 추진해야 하는가에 대한 진지한 검토가 필요하고 그것이 옳은 방향이라면 어떻게 추진해야 할 것인가를 깊이 있게 토론해야 하는 것이다. 요컨대 한국적 상황에 걸맞은 창조도시론에 대한 재창안이 필요한 때가 지금인 것이다.

그랬을 때 자연스럽게 주목하게 되는 것은 문화의 역할이다. 창조도시론자들 역시 한 도시에서 문화가 차지하는 비중을 매우 높이 평가하고 있다. 왜냐하면 문화야말로 창조적 상상력, 창의력을 기반으로 하는 것이기 때문이다. 모방과 창조, 창의적 상상력의 응집된 결과물이 예술이고 그것은 한 시대와 지역, 혹은 민족의 문화적 저력을 응축한 결과이기도 하다. 헐리우드 영화 <아바타>와 한국 영화 <괴물>의 성공에서 우리가 얻게 되는 교훈은 기술적 표현력도 표현이지만 그 밑바탕에 흐르고 있는 스토리, 그리고 세계와 인간에 대한 통찰이다. 그것이 결여되었을 때 그만큼의 성공이 과연 가능했을까 의문을 품게 된다. 영화 <디워>의 실패는 그런 차이에서 비롯되는 것이기도 하다.

그렇다면 우리가 살아가는 도시를 정녕 창조적인 도시, 시민들이 행

---

4 창조도시론이 갖는 가능성과 문제점에 대해서는 이 책의 「지역문화와 창조도시론」을 참조할 것.

복하게 사는 도시로 만들기 위해 필요한 것은 무엇일까. 그것은 창조적 상상력 이전에 세계와 인간에 대한 인문적 성찰이다. 창조적 상상력이라는 것도 엄밀하게는 현실로부터 비롯되기 마련이고 완전한 허구로부터 무엇을 만든다는 것은 불가능에 가깝다. 어떠한 상상력도 현실을 기반으로 하지 않은 것은 없다. 그런 점에서 현실에 대한 인문적 성찰을 바탕으로 할 때 창조도시의 가능성도 열릴 수 있다는 생각이다.

인문적 성찰이란 자본과 권력, 욕망에 휘둘리지 않고 인간 이성의 고유한 역할, 즉 무엇이 진리이고 선한 것이며 아름다운 것인지를 판단하고 사유하는 것을 뜻한다. 내게 이윤을 남기는가, 내가 좀 더 많은 권력을 얻을 수 있는가, 나의 본능적 욕망을 채울 수 있는가, 그리고 그런 것을 위해 무엇이 효율적인가 하는 입장에서 사물과 세계를 판단하는 것이 아니라, 무엇이 진리이고 선한 것이며 아름다운 것인가를 근본적으로 고민할 수 있는 것이 인문적 성찰이다. 그런 인문적 성찰은 시대와 역사를 조망하고 인간의 삶을 구성하는 전체를 두루 굽어보려는 노력을 통해 이루어진다.

이런 인문적 관점에서 오늘날 한국의 도시가 그동안 발전해왔던 논리와 경로를 성찰해 볼 필요가 있는 것이다. 한국은 주지하는 바와 같이 압축적 성장과 신속한 민주화를 거치면서 급속하게 발전해 왔다. 단기간에 경제 성장을 이뤄내고 시민과 학생이 주도하는 저항적 운동을 통해 민주주의를 성취해냈다. 그 과정에서 국가 전반적으로 도시화가 빠르게 진전되었으며 도시는 급속하게 팽창되었다. 정치적 민주주의, 제도적 민주주의는 이뤄냈지만 생활 속 민주주의와 시민 삶 속에 둥지를 튼 민주주의는 뿌리를 깊이 내리지 못했다. 여전히 우리는 성장 제일주의와 팽창주의에 들려있으며 삶의 민주적 질서에 익숙하지 못하다. 인문적 성찰이 한국 사회에서 더욱 필요한 것은 이 때문이다.

도시 발전을 놓고도 과연 우리가 어느 길을 걸어왔고 정녕 시민이 행복한 도시의 모습이 어떠해야 할 것인가에 대한 진지한 성찰이 부족했던 것이다. 우리가 인문적 성찰에 기반한 창조도시론을 강조하는 이유는 한편으로는 개발 위주의 도시 발전전략에 비판적으로 임하면서 다른 한편으로는 경제주의적 과잉 성장론을 근본적으로 재검토하자는 취지이다. 인문적 성찰에 바탕을 둔 창조도시의 결론은 사람들이 살아가는 생활공간으로서의 도시와 지역을 인간 중심적 관점에서 재사유함으로써 보편적 행복에 기초한 도시를 만들어가자는 데에 있다. 그것은 분절되어 있는 도시의 영역을 소통시키고 경제와 문화, 복지가 서로 다른 영역이 아님을 직시하는 것이며 도시 단위, 지역 단위에서 허구적 이상을 걷어내고 현실주의적으로 시민들의 생활세계로 파고 들어가는 것에 다름 아니다.

3. 두바이의 길과 볼로냐의 길

그리 멀지 않은 한때 숭농의 두바이가 우리가 도달해아 힐 도시의 모델로 여겨지던 시절이 있었다. 한국의 많은 공무원들도 두바이를 배우고 벤치마킹하기 위해 두바이 출장이 잦았었다. 초고층의 마천루가 즐비하고 인공섬으로 만들어진 휴양지가 사람들을 매혹시키는 중동의 진주 두바이는 세계적인 투자자들이 몰려들고 많은 사람들이 개발 열풍에 들떠 빚을 내 투자 대열에 서면서 각광을 받았다. 오일달러에 기초를 두고 있었지만 세계의 투기 자본들도 두바이의 신화를 만들어내는 데에 중요한 역할을 하였다. 그러나 지금 두바이는 세계 금융위기 이후 부동산 가격 대폭락으로 심각한 경제 위기를 안고 있다. 건축노동자들은 임금을 받지 못하고 실업자로 전락했으며 극단적인 빈부격차로 공동체의 위기를 겪고 있다. 최근에도 두바이는 경제 위기 국면을 탈피하지 못하고 어려움을 겪고 있다. 아래 기사는 그런 사례 중 하나이다.

국제 금융위기 이후 절반 이상 폭락한 아랍에미리트(UAE) 두바이의 부동산 가격이 더욱 하락할 전망이라고 현지 경제주간지 아라비안 비즈니스가 전문가들의 말을 인용, 5일 보도했다.

JP 모건의 중동 개인금융파트 대표인 파올로 모스코비치는 "두바이 부동산 가격은 현재 2008년 고점 대비 60% 하락했다"며 "앞으로 20% 포인트는 더 떨어질 것이라는 전망이 현실적이라고 생각한다"고 말했다. 모스코비치는 "두바이 부동산 시장은 수요에 비해 공급이 압도적으로 많은 상황"이라며 "부동산 가격이 아직 바닥을 친 것이 아니며 고점 대비 80%까지는 하락할 것으로 본다"고 밝혔다. 그는 "두바이 부동산 시장이 호황이었던 금융위기 이전 상태로 돌아갈 수 있을 것이라고는 전망하지만 수요와 공급이 균형을 이루려면 앞으로 5년은 더 걸릴 것"이라고 덧붙였다. 두바이 부동산 컨설팅기업인 'CB 리처드 엘리스'의 닉 맥린 대표도 "에마르 광장, 셰이크자이드 로드 주변 등 일부 지역의 부동산 가격은 안정세를 되찾고 있지만 나머지 지역은 여전히 추가 하락이 불가피할 전망"이라고 말했다.

일부 전문가는 두바이 부동산 가격 폭락이 투자자에게는 고통스러운 일이겠지만 두바이 경제회복에는 긍정적인 영향을 미칠 수 있다고 말했다. 부동산 컨설팅기업 '쿠시먼 앤드 웨이크필드'의 중동본부 대표인 마이클 아트웰은 "최근 부동산 가격 조정으로 기업들의 부동산 임대비용 지출도 감소하게 됐다"며 "부동산 가격이 비싸다는 이미지에서 벗어나 두바이가 기업유치 활동을 더욱 적극적으로 할 기회가 조성되고 있다"고 강조했다.

두바이 부동산 가격은 2008년 1분기만 해도 전년 대비 43% 오르며 절정으로 치달았지만 같은 해 하반기 국제 금융위기로 자금 유동성이 악화되면서 폭락세를 면치 못했다. 영국의 부동산 컨설팅기업 '나이트 프랭크'는 지난해 말 두바이 집값이 전년 대비 47%가량 하락, 조사 대상 42개국 중 최대 하락률을 기록했다고 밝히기도 했다.

—『연합뉴스』, 2010. 10. 5, 기사.

두바이의 현재는 잘못하면 우리의 미래가 될 수도 있다. 대책 없는 개발과 부동산 광풍에 휩싸여 도시의 장밋빛 미래가 절망으로 바뀌고 그 도시에서 살아가는 많은 시민들은 일상의 고통을 겪고 있는 것이다. 두바이의 사례를 보면서 우리는 어느 길을 가야 할 것인가에 대해 심각하게 고민하지 않을 수 없다. 두바이의 경우야 극단적인 사례이겠지만 각종 개발 논리가 판치는 오늘, 우리 도시발전 전략의 밑바탕에는 두바이의 개발 논리를 지탱했던 것과 다르지 않은 관점이 흐르고 있다.

그에 비해 볼로냐의 사례는 좋은 참조를 제시해 준다. 볼로냐는 이탈리아의 옛 도시 중 하나로 창조도시의 가장 모범적인 사례에 든다. 일본의 창조도시론자인 사사키 마사유키 교수가 그의 책『창조하는 도시』에서 볼로냐의 사례를 비교적 자세히 소개한 바가 있다. 볼로냐는 기본적으로 협동조합에 근거한 생활 경제를 유지하면서 다양한 창의적 사고로 도시 경제를 이끌어 가고 있다. 인터넷 뉴스『프레시안』에는 한살림 연수단의 볼로냐 방문기사가 연재되고 있다. 그중 일부를 소개한다.

볼로냐는 유럽연합에서 가장 소득이 높은 5개 지역에 속한다. 경제적 악재의 영향도 덜 받는 곳으로 그 이유가 조직력이 강한 협동 기업과 관련 있다고 보는 견해가 많다. 볼로냐는 이탈리아 협동조합의 수도라고 말할 정도로 협동조합 없이는 생각할 수 없는 도시다. 볼로냐에만 400개가 넘는 협동조합이 있으며, 볼로냐에서 가장 중요한 기업 50개 중에 15개가 협동조합이다. 협동조합은 GDP의 30%, 볼로냐가 속한 에밀리아로마냐 주 모든 생산 경제 활동의 약 3분의 1을 차지한다. 임금은 국가 평균의 2배이며, 실업률은 3.1%에 불과하다. 이렇듯 볼로냐에서 협동조합 운동이 활발한 배경은 뭘까?

자마니 교수는 그 이유를 역사 속에서 찾는다. "볼로냐는 중세 시대부터 군주제나 공화국의 형태가 아닌 자치 형태를 띠는 도시였다. 다른 도시에서 볼 수 있는 왕족이나 귀족이 없었다. 또 타인의 간섭이나 수직 지위 체계를 싫어했기 때문에 협동조합이 사회와 밀접한 관계를 맺어 서로 평등한 위치를 가지며 정착해 나갈 수 있었다."

전통적으로 서로 돕는 걸 중요하게 여긴 관습도 한몫했다. 레가코프의 홍보 담당 마티아 미아니 씨는 "1000년 전부터 땅이 많은 사람이 주위 농민에게 순서대로 돌아가면서 경작하도록 한 일이 있었다. 지금도 큰 땅의 농사를 번갈아 짓는 풍습이 있다. 경작권을 골고루 나눠 갖는 형태가 오늘날 협동조합 정신의 기본을 만들었다"고 말했다.

—한살림 볼로냐 연수단, 『프레시안』, 2010. 8. 16, 기사.

볼로냐에서 협동조합은 경제 활동뿐만 아니라 복지와 문화 전반에 걸쳐 일반화되어 있다. 협동조합은 조합원의 이익을 최상으로 여기며 협동조합이 속한 공동체에 대한 책임감도 강하다. 무엇보다 협동조합은 특정 개인과 기업이 이윤을 독점하는 것이 아니라 조합원들의 공동의 이익을 추구하고 이윤을 공정하게 분배하는 데에 더 큰 목적을 둔다. 나아가 협동조합은 조합원이 책임감을 갖고 조합 활동에 참여하므로 네트워크를 유지하고 확대하는 강력한 원동력이라고 할 수 있다. 기사에서도 소개된 것처럼 그리스를 시작으로 유럽을 강타한 금융위기 속에서도 볼로냐는 협동조합에 바탕을 둔 자립적 경제로 별다른 피해를 입지 않았다는 점에 주목해야 한다. 협동조합의 창의적인 운영이 볼로냐를 건강한 도시로 만든 것이다.

두바이의 사례와 볼로냐의 사례를 보면 우리의 도시가 과연 어느 길을 가야 할 것인지에 대한 주요한 시사점을 얻을 수 있다. 여기에 하나 더 생각해 볼 것은 일본의 혁신자치체 운동이다. 일본은 1960년대 급속한 경제 발전으로 공해가 지역마다 심각한 문제였다. 이때 일본의 주민운동 조직을 중심으로 지역이 당면한 생활의 문제를 해결할 혁신 자치체가 등장하기 시작했는데 주로 무소속과 혁신 정당 계열의 자치단체장들이 이들과 연대하여 도시 계획과 생활의 문제를 해결하는 데 앞장섬으로써 지역의 문제를 슬기롭게 해결해 전국적 주목을 받았다. 혁신자치체 운동은 오오사카, 요코하마 등 대도시 지역을 중심으로 시작되어 전국적으로 선풍적인 바람을 일으켰다.[5] 이들은 주민들의 생활

---

5 일본의 혁신 자치체 운동에 대한 개략적 설명은 이시재 외 2인 공저, 『사회학으로 풀어본 현대일본』(일조각, 2005)을 참조할 것.

세계에 주목하여 주민들이 겪고 있는 생활의 당면한 문제를 해결하는 데에 행정력을 집중하여 성과를 거두었으며, 이런 성과가 그 전과는 다른 모범을 보여줌에 따라 주민 운동 조직은 이들의 강력한 후원조직으로 되었다. 이후 혁신자치체 운동은 중앙의 정당들에게 영향을 미쳐 주민들의 요구를 중앙 정치가 흡수하는 기폭제가 되었고 현재 일본의 중앙정치가 지역 주민들의 생활 문제에 깊이 관심을 갖는 계기가 되었다. 그 대표적인 사례가 마을만들기(村作り)이다. 이 마을만들기는 민과 관이 함께 도시의 하드웨어적 인프라를 해결하는 일본의 대표적인 정책 수단으로 자리 잡았는데 혁신자치체 운동이 만들어낸 결과라고 할 수 있다.

4. 성찰적 창조도시의 비전

그렇다면 우리나라 도시는 어떤가. 내가 사는 곳인 인천을 예로 들어 보자. 두루 아는 바와 같이 인천은 한반도의 관문으로 수도권의 대표적 항구도시이다. 인천이 근대 도시로 발전하게 된 것은 1883년 근대적 개항 이후 식민본국인 일본에 의해 도시로 개발되면서부터이다. 개항 이후 근대적 항구의 축조, 경인철도의 부설, 서구 무역 회사의 입지 등 근대 문물들이 유입되면서 조선의 많은 사람들은 물론 식민 본국인 일본인들이 이곳으로 이주해왔고 중국 노동자들의 집단적 이주에 의해 도시로 급성장하였다. 해방 이후 1960년대부터는 산업화 정책의 일환으로 서울과 인천을 연결하는 경인공업지대가 형성되었고, 경인선의 전철화와 경인고속도로의 개통으로 인구의 사회적 증가가 급속히 이루어진 곳이다. 1980년대 이후 산업화의 여파에 따라 노동 운동이 왕성하게 전개되었으며 다른 어느 도시 못지않게 학생, 시민들의 민주화 운동도 활발하게 일어났다. 즉, 인천은 식민도시로부터 출발해 산업화와 민주화를 거치면서 오늘날의 대도시로 성장한 곳이다. 아울러 남북 분단 이후 분쟁지역의 접경에 놓인 도시이면서 한국을 대표하는 항구와 공항이 입지해 있는 도시이기도 하다.

게다가 인천은 수도권의 주변부 도시적 성격을 강하게 갖고 있다. 서울이 대한민국의 수도로 경제, 정치, 문화의 중심으로 거대 도시로 발전하고 주변 도시의 성장 잠재력까지 흡수하면서 인천은 오랜 시간 수도권의 주변부 도시적 성격을 벗어나지 못했다. 그것은 주민들의 삶의 질이 서울에 비해 뒤떨어지는 결과를 초래했다. 지방 자치제도 실시 이후 이런 문제를 해결하려는 노력이 있었지만 여전히 개발 위주의 정책이 주를 이루고 생활 밀착형 정책은 미흡했다. 동북아의 관문도시, 국제 수준의 명품 도시를 내걸었지만 그런 지향들이 실제 시민들의 생활 세계와 연결된 도시의 비전으로 평가하기는 힘들다.

도시의 과거와 미래, 그리고 지정학적 특성을 조망할 때 인천은 인문적 성찰에 기반한 창조도시의 관점으로 도시 비전의 패러다임 전환이 필요한 때이다. 앞의 사례를 예로 들자면 두바이에서 길을 찾을 것이 아니라 볼로냐에서 대안적 전망을 찾아야 하며 그런 방법론을 이웃 일본의 혁신자치체 운동에서 참조할 필요가 있다. 성찰적 창조도시의 관점이란 도시를 분절화시켜서 바라보는 것이 아니라 사람들의 생활이 이루어지는, 열려있되 상호 연계된 공간으로 바라보는 것이다. 아울러 시민들의 생활 세계에 착목하여 그런 생활 세계의 문제를 해결하는 곳에 창의적인 행정력을 집중하는 것이다. 국제 도시, 혹은 명품 도시 같은 생활 세계와 동떨어진 신기루 같은 구호를 내세우는 것이 아니라 시민들의 삶과 생활에서 문제와 대안적 전망을 찾아가는 것이 성찰적 창조도시가 나아갈 길이다.

시민들의 생활 세계에서 문제와 대안적 전망을 발견한다는 것은 복지의 문제를 보편적인 시민의 관점에서 접근하여 해결하고, 지속가능하면서도 쾌적한 생활 환경과 생태 환경을 만들어 나가는 것을 의미한다. 아울러 일자리 중심의 고용 우선 경제 성장, 협동조합에 근거한 자치 경제의 기반 조성, 도시의 역사와 문화를 존중하는 도시 계획, 창의와 평생학습에 기반을 둔 문화 공동체, 배타적 경쟁이 아닌 함께 사는 세상에 대한 가치관이 기초를 이루는 대안 교육 체계의 안착이 그 핵심이다. 결국 새로운 프레임으로 도시의 전망과 미래를 만들어나가는 데에 성찰적 창조 도시의 합리적 핵심이 있는 것이다. 예컨대 경제적 성장과 발전을 말한다고 하더라도 이제는 성장 자체가 아니라 성장의 질을 문제 삼아야 하며 시민들의 안정된 일자리를 창출하는 방향으로 정책의 무게 중심을 옮기는 것이 성찰적 창조도시가 나가야 할 길이다. 교육의 문제에 있어서도 우수한 대학을 얼마나 많이 진학했는가에 가치를 부여할 것이 아니라 학생들이 자신의 꿈을 다양하게 실현할 수 있는 기회와 가능성을 얼마나 많이 만들어내는가에 의미를 부여해야 하는 것이다. 경쟁과 효율의 프레임에 갇히는 것이 아니라 공생(共生)과 창의의 프레임을 새로 만들어내는 것이다. 그 방법론이 바로 인문적 성찰이다.

그렇다면 그것을 어떻게 가능하게 만들 것인가. 그 방법론은 하나로 정리될 수 있는 것은 아니다. 또 어떤 단선적이고 일률적인 로드맵이 있는 것도 아니다. 차라리 그것은 동시 다발적으로 다양한 방향에서 다채로운 사업과 활동으로 진행되어 가는 것이라고 보는 것이 합리적이고 현실적인 판단일 것이다. 자치단체장과 지방 의원들의 도시를 바라보는 관점의 변화와 성찰적 창조도시를 향한 강력한 의지, 언론의 역할과 시민 교육, 지역에 기반을 둔 지식인 그룹의 연구, 창조 도시를 향한 대안 모델의 시범사업화, 행정 구조의 개편과 공무원 교육 등이 동시 다발적으로 이루어져야 한다. 그렇게 도시의 사회적 자본이라고 할 수 있는 소프트웨어 인프라가 변화될 때 그 결과물로 창조 산업의 진흥도 자연스럽게 이루어질 수 있을 것이다. 물론 창조도시로 가기 위해서 도시의 현황과 실태 조사, 다양한 방법론들이 정교하게 연구될 필요는 있다.

그런데 우선 필요한 것은 도시에 대한 여러 담론들을 활성화하는 일이다. 그런 점에서 시민사회와 전문가 등이 참여하는 다양한 포럼이나 토론회 등이 활성화되어야 한다. 그런 토론을 통해 도시의 문제가 다양하게 제기되고 거기에서 대안도 모색될 수 있으며 그렇게 도출된 대안들일 때 비로소 어떤 실천적 힘을 가질 수 있는 것이다. 더구나 그런 포럼이나 토론회를 통해 뜻을 같이 하는 사람들의 네트워크도 만늘어질 수 있다. 많은 민주적 토론이 도시의 곳곳에서 일어나면서 성찰적 창조도시, 인문적 창조도시의 첫 단계가 자연스레 시작되지 않을까 한다.

지역문화와 창조도시론
― 서울과 성남의 사례를 중심으로

1. 문제 제기

창조도시를 사전적으로 정의하자면 "시민의 활발한 창조활동에 의해 첨단적인 예술과 풍부한 생활문화가 길러지고 혁신적인 산업을 진흥하는 창조적인 장소가 풍부한 도시"이다.[1] 원래 창조도시는 1998년 영국 정부가 발의한 '창조산업 전략보고서(the creative industries mapping document)'가 발간되면서 등장한 용어라고 한다.[2] 여기에 2000년 C. 랜들리의 책

---

[1] 이진희, 「용어 풀이」, 『월간 국토』, 322호, 국토연구원, 2008. 8, 56쪽. 창조도시는 영문 creative city를 한국어로 번역한 단어이다. 때때로 창조도시라는 말 대신에 창의도시라는 말도 사용되나 이는 영어를 번역한 데서 나타나는 차이일 뿐 같은 개념을 담은 용어이다. 이 글에서는 기본적으로 창조도시라는 용어를 채택하여 사용하되 필요에 따라 창의도시라는 용어도 사용하도록 하겠다.

『The Creative City』가 발간되고, 2002년 R. 플로리다의 『The Rise of the Creative Class』가 발간되면서 창조도시론은 일종의 도시발전을 위한 정책적 담론으로 더욱 급속하게 퍼져나가기 시작했다. 2001년에 일본의 사사키 마사유키(佐佐木雅幸) 교수가 쓴 『창조도시에의 도전』은 창조도시론이 일본을 포함한 아시아에 소개되는 데에 영향을 미쳤다.3

그리하여 지금은 창조도시론의 열풍이 불고 있다고 해도 과언이 아닐 정도로 창조도시론은 문화정책의 측면에서 하나의 트렌드가 되어버린 느낌이다. 전 세계적으로 창조도시를 도시발전 전략으로 내세운 곳이 100여 곳에 이른다는 보고도 있다.4 우리나라 도시 가운데에서 창조도시 혹은 창의도시를 도시 발전 전략의 핵심으로 내건 곳을 눈에 띄는 대로 거론하더라도 서울, 대전, 성남 등을 어렵지 않게 꼽을 수 있다. 눈을 옆으로 돌려 일본만 봐도 삿포로와 요코하마가 창조도시를 도시발전의 지향점으로 내세우고 있다.5 부산에서 발간되는 일간지인 『국제

---

2 이희연, 「창조도시 : 개념과 전략」, 『월간 국토』, 322호, 참조.
3 한국에서 창조도시와 관련된 책이 번역된 것은 R. 플로리다의 책이 2002년 『Creative Class : 창조적 변화를 주도하는 사람들』(전자신문사)이라는 제목으로, 마사유키의 책이 『창조하는 도시』(소화)라는 이름으로 2004년, C. 랜들리의 책이 2005년 『창조도시』(해남)라는 이름으로 각각 번역, 출간되었다. R. 플로리다의 창조계급과 관련된 두 번째 저서인 Cities and the Creative Class는 2008년 『도시와 창조계급』(푸른길)이라는 제목으로 출간되었다. C. 랜들리가 쓴 2006년에 쓴 또 다른 책 The Art of City-Making은 2009년에 『크리에이티브 시티 메이킹』(역시넷)이라는 이름으로 출간되었다.
4 임상오, 「창조도시 진흥을 위한 창조산업 활성화 전략」, 『월간 국토』, 322호, 2008. 8, 국토연구원.
5 서울은 "창의문화도시 마스터플랜"을 발표한 바 있으며 대전은 "창조도시 대전만들기"를 문화시정 계획으로 내걸고 있다. 성남시에서 설립한 성남문화재단은 "문화예술창조도시 성남만들기 기본계획연구"를 발표하였다. 일본의 삿포로는 문화발전계획을 "꽃피는 창조도시로"라고 내걸었으며 요코하마는 "Creative City, Yokohama"를 표방하고 일종의 TFT성격의 Creative Center를 시 정부와 민간전문가와 함께 설치하였다. 박은실, 「국내 창조도시 추진 현황 및 향후 과제」, 오민근, 「해외 창조도시 사례 및 시사점」, 『월간 국

신문』은 2009년 들어 창조도시를 연중 기획 특집으로 다루면서 해외 사례를 집중적으로 보도하고 있다. 대표적으로 창조도시의 성공사례로 흔히 꼽히는 곳은 이탈리아의 볼로냐, 스페인의 바르셀로나, 일본의 카나자와 등이다.

그런데 창조도시론이 도시마다 새로운 발전의 전략을 대내외에 효과적으로 알리기 위한 수단이 되면서 하나의 유행이나 구호처럼 정치적 수사(修辭)로 변질되고 있다는 느낌이 든다. 창조도시론이 지닌 애초의 문제의식이나 그 지향점은 사상(捨象)된 채 빈약한 도시발전 전략을 대체하는 분식적(扮飾的) 구호로 되어 버린 감이 없지 않다. 아직까지 우리나라에서는 일부 학자와 전문가를 중심으로만 창조도시론이 거론되고 있으나 머지않아 여러 지방자치단체에서 도시발전전략이나 구호로 앞다퉈 창조도시라는 슬로건을 채택할 가능성은 많아 보인다.

그런 점에서 창조도시론이 정말 우리가 지향해야 할 참된 도시 발전 전략이자 정책인가에 대해서 진지한 성찰적 검토가 필요한 때가 되지 않았나 한다. 그것이 하나의 유행이나 트렌드가 아닌, 사람이 살아가는 도시를 제대로 만들어내기 위한 최선의 대안인가를 되짚어 볼 때가 바로 지금이라는 것이다. 그렇지만 창조도시론의 내용을 이곳에서 모두 자세하게 검토하기는 어려운 일이다. 논자에 따라 여러 이론이 있을 수 있으므로 창조도시론의 합리적 핵심을 정리하고 그것의 의미를 되짚어보는 것으로 논의를 제한할 예정이다.

그런 점에서 이 글은 다소 폭넓은 문제의식에서 출발하여 창조도시

토』, 322호, 참조.

론의 내용과 실제를 비판적으로 검토해본 결과이다. 인문학도의 입장에서 창조도시론의 지향점과 의미, 한계를 짚어보고 그런 창조도시론의 도시발전전략을 실제 계획에 참조한 두 도시, 즉 서울과 성남의 계획을 검토하면서 창조도시론이 오늘날 지역의 문화발전 전략이나 방향에 어떤 시사점을 주고 있는가를 검토해보도록 하겠다. 그리하여 이 글은 정책적 지향점을 창조도시론과 결부시켜 인문학적 관점에서 어떻게 평가할 수 있는가를 시론적으로 검토한 결과이다. 서울과 성남은 최근에 관련 계획을 내놓았을 뿐만 아니라 수도권의 중심도시와 위성도시라는 측면에서 서로 비교될 만한 점이 있다는 판단도 두 도시를 선택한 의도였다.

유감스럽게도 인문학적 관점에서 창조도시론을 본격적으로 검토한 사례는 거의 없다. 창조도시론을 소개한 국내 학자들의 글은 어렵지 않게 찾아볼 수 있지만 대부분은 사회과학자나 정책입안자들의 글들이고 아직 소개 수준에 머물러 있는 단계이다. 다만 경제학자에 의해 집필된 『박물관 창조도시 영월』이 국내 학자에 의해 창조도시론에 입각하여 연구된 첫 사례로 보인다.6 이 책은 창조도시론의 계보를 비롯해서 창조도시론의 여러 측면들을 체계적으로 소개하고 있다. 그렇기는 하지만 이 책은 강원도 영월군의 박물관을 대상으로 한 정책 연구보고서 성격이 강하다. 본격적인 이론 연구로 보기는 힘든 측면이 있는 것이다.

그러므로 이 글은 창조도시론을 비판적으로 검토하면서 서울과 성남의 도시문화정책을 인문학적 관점에서 접근해본 시범적 연구라고 할

6　임상오, 『박물관 창조도시 영월』, 해남, 2007.

수 있겠다. 인문학이 아직 도시 발전과 관련된 정책에 대해 학문적 발언을 한 사례도 많지 않다. 도시의 문제를 역사나 문학예술을 연구하는 방향에서 다룬 사례는 있었어도 도시발전의 정책 문제를 다룬 글들은 많지 않다. 따라서 이 글은 어떤 특정 문제에 국한해서 그것을 집중적으로 분석하는 접근방법보다는 도시의 문화정책에 대한 방향을 놓고 인문학이 거기에 어떻게 개입할 수 있을 것인가를 연구자 나름대로 시도한 결과이다.[7]

2. 창조도시론의 성과와 한계

서두에서도 잠시 언급한 바와 같이 창조도시는 창조적 환경이 잘 갖추어져 창조적인 계급이 모여들고 창조산업이 혁신적으로 발전해가는 도시를 가리킨다. 그런데 창조도시는 문화도시와 비슷하면서도 같은 개념은 아니다. 통상적으로 사람들이 문화도시를 가리킬 때에는 예술과 전통문화유산, 그리고 문화산업, 시민들의 문화생활과 연관 지어 생각하는 경우가 일반적이지만 창조도시는 문화가 지칭하는 범주를 포괄하면서도 인간의 창조적 활동과 관련된 영역을 더 넓게 담아내고 있다. 예컨대 흔히 문화산업이라고 말할 때 공연, 음반, 영상, 미디어, 출판, 디자인 등 예술적 활동을 산업적으로 응용한 영역을 가리키지만 창조

7　앞으로 이런 연구들이 활성화되는 한편 비판적으로 극복되고 세분화됨으로써 인문학이 현실의 구체적 문제들과 접합되어 인문학 특유의 현실비판과 개입의 긴장감이 되살아나길 기대한다.

산업은 이를 포함하면서도 정보통신, 생명공학, 금융 비즈니스 등 자연과학 및 사회과학과 관련된 산업도 아우르고 있다. 인간의 지적인 창조적 활동에 기반을 둔 산업 전반을 포함하는 것이다.

그렇기 때문에 창조도시라고 말할 때 통상적인 의미의 문화도시보다는 그 영역이 넓고, 도시 전반의 여건을 놓고 개념적으로 접근할 때도 문화도시보다 그 문제의식은 더욱 포괄적이고 체계적이라고 말할 수 있다. 도시를 창조도시로 만들어가자는 의미에는 그런 점에서 창조적인 계층들이 모여 살 수 있는 창조적인 도시 여건을 조성하고 그를 통해 창조산업을 발전시킴으로써 도시의 성장 가능성과 발전 가능성을 더욱 높여간다는 뜻을 포함하고 있다. 도시를 구성하는 영역과 분야(예컨대 교통, 도시계획, 복지, 환경, 문화 등)를 구분해서 문제를 발견하고 해결하려 하기보다는 창조라는 관점에서 도시를 통합적으로 인식하려는 의도가 창조도시론의 요체라고 할 수 있다.

그런데 창조도시가 더욱 각광받는 것은 그것이 경제적으로 더욱 높은 부가가치를 생산할 수 있다는 연구결과가 제시된 때문이기도 하다. 창조산업은 여타 제조업이나 서비스 산업보다 훨씬 높은 부가가치를 생산하고 여기에 종사하는 노동자들의 임금도 다른 산업에 종사하는 노동자들보다 훨씬 높으며 고학력 지식인 그룹이 많다는 점에서 설득력을 더 하고 있다.

---

8 R. Florida, Cities and the Creative Class, 서민철, 이원호, 이종호 역, 『도시와 창조계급』, 푸른길, 2008, 14면. 그런데 이 통계수치에 기준연도는 나와 있지 않다.

[표 1] 미국 창조경제 현황[8]

부문	노동자수	비중(%)	임금(10억$)	비중(%)	평균연봉($)
창조부문	39,893,360	30.1	1,993	47.0	51,244
제조업부문	33,498,670	26.0	966	22.8	28,852
서비스부문	56,171,370	43.5	1,273	30.0	22,657
계	129,024,100				32,869

창조계급을 연구한 플로리다에 의하면 과거 20년 동안 미국에서 창조부문이 폭증하면서 2,000만개 이상의 일자리가 생겨났으며 노동자의 1/3이 창조부문에 종사하고 있다고 분석하고 있다. 게다가 앞으로 미래 산업 역시 이런 창조산업이 발전을 주도할 가능성이 많다고 진단한다.

이렇게 본다면 창조도시라는 정책적 담론은 어느 도시에서 보더라도 매력적인 것으로 비칠 수밖에 없다. 이른바 첨단산업이라고 말할 수 있는 산업이 집중적으로 육성되고 그 결과 도시의 경쟁력이 높아진다면, 게다가 문화와 교육적 여건, 쾌적성도 고루 갖춰진다면 그런 도시를 마다할 이유가 없을 것이기 때문이다. 국내외의 많은 도시들이 창조도시를 내걸고 있는 이유도 이처럼 경제, 사회, 문화적인 측면에서 그것이 미래 도시의 새로운 모델로서 설득력이 높은 까닭이다.

그런데 이런 창조도시의 붐은, 창조도시론을 주창한 사람들의 핵심적인 문제의식이 사상된 채 성공적인 결과와 사례만이 상대적으로 강조된 것도 한 몫하고 있다. 실은, 창조도시를 연구하는 학자들의 문제의식이 그렇게 단순한 것은 아니다. 창조도시론은 오히려 지금까지의 도시 발전 방식과는 궤를 달리 하는 의미를 담고 있다. C. 랜들리의 다음과 같은 언급만 참조하더라도 창조도시론자들이 색다른 성장 전략 정도로 창조도시론을 내걸고 있는 것이 아님을 알 수 있다.

일반적으로 타도시는 성공한 도시의 지역적인 특성과 조건을 고려하지 않은 채 성공의 일반 모형만을 채택해 버리는 경향이 있다. 결과적으로 수족관, 회의장, 박물관, 상점, 레스토랑과 같은 유사한 건물의 조합을 탄생시키고, 세계 전체가 놀랄 정도로 비슷한 것이 되어버린다.[9]

그것은(도시가 살아 움직이는 유기체라는 것 : 인용자) 도시를 바라보는 시각에 대한 패러다임 전환을 의미한다. 즉, 그것은 전체적으로 지속가능한 틀 속에서 균형, 상호 의존성과 상호작용 등에 초점을 맞춘다. 그것은 "도시는 기계다"라는 근대적 메타포와 대조를 이룬다.[10]

창조도시의 전략설정은 전체적이고 관계성을 존중하고 있다는 점에서, 또 토지이용에 초점을 맞추기보다도 사람의 존재를 중심에 놓고 있다는 점에서 종래의 것과는 다르다.[11]

위의 인용은 『창조도시』의 핵심적인 문제의식을 보여주는 몇 대목을 추려본 데에 지나지 않는다. 이런 인용문만 보더라도 창조도시론은 기존의 도시발전전략과는 근본적으로 방식을 달리 한다. 창조도시론자들

---

9 C. Landry, The Creative City, 임상오 역, 『창조도시』, 해남, 2005, 59면.
10 위의 책, 82~83면.
11 앞의 책, 242면.

은 기본적으로 도시를 바라보는 틀을 바꿔야 한다고 주장한다. 그것은 도시가 서로 연관된 하나의 전체이고, 사람들이 살아가는 공간이며 동시에 오랜 시간 그런 삶의 과정이 축적된 역사적 공간이라는 것을 지적하고 있는 것이다. 이들은 지금까지의 도시 발전이나 도시 계획은 전문화, 세분화되고 분절적이었으며 도시의 공간을 대상화시켜 인위적으로 구획해 버렸다는 점을 비판한다. 그리고 그런 식의 발전계획이라는 것이 오히려 도시의 발전가능성을 차단해왔다는 것이 이들의 진단이다. 창조도시론은 그런 발전 전략보다 오히려 도시가 하나의 서로 연관된 총체임을 인식하는 것, 그리고 사람들의 삶의 터전이라는 것을 인식하고 그것을 자원으로 이용할 때 오히려 경쟁력이 살아난다는 것을 주요한 내용으로 한다.

사사키 마사유키 역시 이제 국가의 시대는 저물고 도시의 세기가 도래했음을 강조한다. 그러나 도시의 세기에 새로 등장한 도쿄나 뉴욕 같은 세계도시들은 내부적으로는 부와 빈곤의 양극화, 글로벌 경제의 동향에 따라 도시의 운명이 좌우되는 불안한 숙명을 안고 있다고 비판하고 있다. 그는 그런 세계 도시의 대안으로 창조도시를 내걸고 있다. 사사키 마사유키에 의하면 창조도시란 "'금전지상경제'에서 '인간의 창조성을 높이는 경제 시스템'으로의 전환"이 이루어진 도시로, 혁신적이면서 유연한 도시경제 시스템을 갖추고 전지구적인 환경문제와 지역사회의 과제에 대해 창조적으로 문제를 해결할 수 있는 '창조의 장'이 풍부한 도시를 가리킨다.[12]

---

12 佐佐木雅幸, 『創造都市への 挑戰』, 정원창 역, 『창조하는 도시』, 소화, 2004, 참조.

플로리다가 주장하고 있는 창조 계급 역시 단순히 지식이 많은 엘리트만을 지칭하는 것은 아니다. 동성애자, 독신자, 패션추종자, 청년 등 창조적 역량을 갖춘 마이너리티로부터 오히려 그런 창조적 역량이 더욱 잘 발산된다고 주장한다. 사회의 지배적 계층보다 마이너리티에서 도시 발전의 가능성을 찾고 있는 것이다.

결국 창조도시론은 그동안의 단선적인 발전패러다임과는 달리, 도시를 인간 중심으로 바라보기 시작했다는 점에서 의미를 부여할 수 있다. 도시의 경쟁력을 창조성으로부터 찾고 그 창조성의 원천을 도시에서 살아가는 시민과 도시의 역사 문화적 자원, 오랜 전통의 중소기업과 협동조합에서 찾고 있다. 이들은 도시 문제의 해결 방식 역시 소통과 창의적인 리더십으로부터 찾아야 한다고 주장하고 있다. 그런 점에서 창조도시론은 비판하기보다는 우리가 잘 따라야 할 전범적인 정책 담론이라고 볼 수도 있다.

그렇지만 여러 도시에서 창조도시라는 구호를 앞다퉈 내걸고 있는 것에서도 짐작할 수 있듯이 과연 창조도시론의 진정성이 무엇인가에 대해서 의구심이 들지 않는 것은 아니다. 창조도시란 그렇게 구호로 내건다고 해서 되는 것이 아니기 때문이다. 그렇기 때문에 그 도시들에서는 자기 도시에 대한 근본적인 반성과 성찰 속에서 창조도시를 내세우고 있는 것인지 쉽게 수긍되지 않는 것이다. 그리고 그것은 비단 창조도시를 내걸고 있는 도시들만의 문제로 치부하기에는 뭔가 충분치 않다는 생각이다. 즉 창조도시론이 주장하고 지향하는 바를 곰곰이 생각해 보면 창조도시론 자체가 갖고 있는 문제점 역시 간과할 수 없는 것이다.

창조도시론은 도시를 하나의 전체로 인식하고 도시 내부도 서로 관계된 유기체로 보고 있지만 여전히 도시를 하나의 자족적 단위로만 인식하는 경향이 강하다. 즉, 도시가 다른 도시와 연결되어있고 더 나아가서 국가와 다른 지역과 연결된 지구적 삶의 한 부분임을 주요하게 고려하지는 못하고 있는 것이다. 물론 창조도시론이 도시간 네트워크를 지향하고는 있지만 그것이 적절히 이론화되지는 못한 수준이다.

하나의 도시에 창조계급이 모여 산다고 하더라도 누군가는 어디에서 억압적이고 반복적인 노동을, 저임금의 서비스를 강요당하고 있다는 사실을 고려하지는 않는다. 스포츠 산업이 엔터테인먼트로 새로운 부가가치를 생산한다고 말하면서도 스포츠 용품들이 다국적 기업들에 의해 제3세계의 장시간 저임금 노동자들의 피와 땀으로 만들어지고 있다는 사실, 쾌적하고 분위기 좋은 카페에서 마시는 커피가 선진국의 자본에 의해 커피농가를 착취하는 방식으로 만들어지고 있다는 사실은 간과되고 있다. 창조산업이 어떤 자본에 의해 지배되어 어떻게 과잉의 부가가치를 만들어 내는 것인지에 대해서까지는 창조도시론자들은 관심을 두지 않는다. 결국 창조도시론은 일부의 선진국들이나 신흥 개발국의 몇몇 도시들을 제외하면 해당되기 어려운 내용을 담고 있다.

그런 점에서 창조도시론은 근본적으로 발전과 경쟁의 패러다임에서 벗어난 것은 아니다. 즉, 하나의 도시가 더욱 발전하고 다른 도시들과의 경쟁에서 더 나은 위치를 점하기 위한 발전 전략의 틀을 벗어난 것으로 평가하기는 어렵다는 말이다. 과거와 다른 방식이기는 하지만 창조도시론이 지향하는 세계관과 철학은 기존의 발전론과 근본적인 면에서 다르지 않다. 지금까지의 경쟁과 발전 패러다임의 틀을 전환하고 발전의 방식과 방법론을 바꾸려는 것일 뿐, 공생(共生)과 공존을 위한 철학을 담고 있다고 보기는 어렵다는 것이다. 창조도시를 주장하는 곳은 저마다 자기도시가 창조도시로 가기 위해 유능한 인재와 창조적 산업 인프라를 유치하려고 들 터인데 그렇다면 그것은 공생과 공존의 논리가 아닌 경쟁과 발전의 패러다임이 변형되어 지속되는 것일 따름이다. 도시가 조금 더 많은 경제적 부를 누리면서 더 쾌적하고 문화적인 삶을 누릴 수 있도록 할 뿐만 아니라 재능있는 사람들을 끌어들이는 방안을 고안하는 것은 다른 도시를 억누르는 경쟁과 발전의 패러다임의 연장선 위에 있는 것이다. 어차피 누군가는 단순 반복적 노동을 통해 공장에서 일해야 할 사람이 있는 것이고 뜨거운 태양 아래에서 곡식을 가꿔야 할 수밖에 없는 사람도 있는 것이다.

창조적 노동이나 창조계급에 대한 것도 마찬가지이다. 엄밀한 의미에서 창조 산업에 종사하는 창조 계급은 노동으로부터 소외되지 않은 부류라고 할 수 있을 터이다. 창조산업은 전문적 기술과 재능을 가진 자들이 자신의 지식과 기술, 재능을 투여함으로써 부가가치와 이윤을 창출하고, 자본은 일정하게 자신의 이윤을 그들과 분할하여 경제적 잉여를 얻음으로써 산업이 성장해 가는 방식이다. 창조산업에 종사하는 계층들이 상대적으로 높은 경제적 부와 사회적 지위를 부여받는 것도 그런 이유에서일 것이다. 그렇기에 창조계급은 제조업이나 서비스업에 종사하는 노동자들과는 다른 여건에서 출발하고 자신의 노동의 결과를 스스로 향유함으로써 노동으로부터 소외되지 않고 노동의 주체로 대우받을 수 있는 존재들인 것이다. 그런데 오늘날과 같은 전지구적 자본주의 틀 안에서 과연 그런 계급이 어느 정도의 비중을 차지할 것인지는 정작 잘 따져 보아야 할 문제이다. 요컨대 자본주의 사회에서 노동의 문제에 대한 보편적인 고민이 결여된 창조계급론이나 창조도시론은 근본적으로 한계를 지닐 수밖에 없다는 것이다. 누군가는 일용할 양식을 생산하고 누군가는 신발을 만들며 또 누군가는 공장의 라인에서 볼트를 죄고 앉아 있는 것이 오늘날의 지구적 삶인데 이들과 창조계급의 문제는 무관한 것은 아니기 때문이다.

게다가 창조도시론을 더 세밀하게 따져보면 그것이 현상을 보편적이고 법칙적으로 설명함으로써 미래를 예측하는 '이론(理論)'이라고 말하기에는 뭔가 부족하다는 느낌을 지울 수 없다. 이론으로서의 체계가 너무도 빈약한 탓이다. 그것은 하나의 주장이자 도시를 대하는 자세(姿勢) 혹은 모랄(moral)이며 여러 다양하고 파편적인 사례의 조합일 뿐이지 이론으로 평가하기에는 결여된 요소들이 너무 많다. 예컨대 창조도시를 만들어내는 구조화된 방법론이나 그것을 실천할 주체의 문제에 대해서 창조도시론은 대답하지 못한다. 창조도시를 누가 만들 것인가. 시장(市長)인가, 시민인가, 관료인가, 아니면 이들 모두라고 한다면 그들 사이의 관계는 어떻게 맺어져야 하는가. 현상에 대한 인식과 진단에 비해 창조도시론은 대안(代案)의 이론화에 대해서는 앞으로 풀어야 할 과제가 많은 것이다.

결론적으로 창조도시론은 오늘날의 도시가 당면하고 있는 문제를 구조적으로 파악하기보다는 성공적인, 그것도 파편적 사례들을 성공의 사례로 나열할 뿐이지 문제에 대한 근본적 진단과 해결을 위한 방법론, 나아가 실천의 주체에 대해 고민하지 못하고 있다. 하나의 도시 안에서도 분명 창조적인 사례가 있는 반면 오히려 그 반대의 사례도 적지 않게 찾아볼 수 있다. 도시는 여러 겹의 삶의 양상들이 얽혀 존재하는 복합적 공간이다. 거기에서 어떻게 창조적인 계기를 강화시켜 나가고, 도시적 삶의 주체, 생활의 주인으로 당당히 나설 창조적인 시민을 어떻게 구성해 갈 것인지 창조도시론은 답하지 못하고 있다.

창조도시론의 실체가 그렇다 보니 저마다 도시들이 깊은 고민 없이 창조도시론의 빛나는 부분만을 취사선택해서 너도 나도 창조도시로 가겠다고 주장하는 형국을 만들어내는 것인지도 모른다. 도시의 문제를 해결하기 위한 진지한 고민, 현실의 실체를 발견하고 인정하려는 노력은 찾아보기 힘들고 또다시 허황된 미래, 과거보다는 조금 더 세련된 방식의 미래를 서로 내걸도록 만드는 것이 창조도시론이 만들어낸 예측하지 못한 결과일 터이다.

3. 서울의 경우

2008년 4월 서울시 문화국이 내놓은 문화발전계획의 제목은 『Seoul, 'Culturenomics'-Vision & Strategy』이다.[13] 컬처노믹스라는 신조어를 통해 내놓은 비전은 '창의문화도시, 서울'이다.[14] '창의문화도시, 서울'이

---

13 『Seoul, 'Culturenomics'-Vision & Strategy』, 미발간자료, 서울시, 2008. 이 문건은 연구보고서가 아니라 프리젠테이션 발표물이다. 발표의 주체는 서울시 문화국이다. 그런데 이 보고문건은 서울시의 과거 관련 계획들을 수렴하여 종합한 것으로 지금까지 제출된 서울시 문화계획의 결정판으로 보아도 무리가 없다.
14 컬처노믹스는 물론 서울시가 처음 사용한 용어는 아니다. 컬처노믹스는 영어로 문화를 뜻하는 컬처(culture)와 경제를 뜻하는 이코노믹스(economics)를 합성한 조어로서 덴마크 코펜하겐대학교의 페테르 두엘룬(Peter Duelund) 교수가 1990년 처음으로 제기하였다고 한다. 네이버 백과사전(http://100.naver.com. 검색일 : 2009. 5. 10)참조.

라는 비전 아래 서울시는 예술도시, 디자인 도시, 창조도시, 그리고 세계도시로 나아갈 것을 표방하고 있다. 이렇게 제시된 각각의 지향점은 창의문화도시라는 비전을 구현하기 위한 일종의 전략적 개념이다. 예술도시는 생활공간에 문화예술이 물처럼 공기처럼 흐르는 도시를 가리키며, 디자인 도시는 도시공간에 디자인을 매개로 문화의 품격을 입히는 도시, 창의인구가 몰려들고 관광객과 글로벌기업이 늘어나는 도시는 세계도시를, 그리고 창의를 바탕으로 문화자본을 축적하고 일자리를 창출하는 도시는 창의도시를 각각 지칭한다. 이런 네 개의 영역이 선순환 구조를 이루어 창의 문화도시 서울을 구현하고, 그것이 밝고 매력있는 세계도시 서울로 가는 길이라고 서울시는 주장하고 있다.

이렇게 본다면 비전이나 전략에서도 서울시가 지향하고 있는 주요한 축이 창의도시, 창조도시임은 쉽게 눈치 챌 수 있다. 서울시 문화국 앞에 붙어 있는 수식어도 "창의의 힘"이다. 서울은 이미 '창의 시정'을 표방하고 도시 곳곳의 공간에 이 구호를 새겨 넣은 상태이기도 하다. 도시 전체가 창의도시, 혹은 창조도시로 가겠다는 다짐을 서울시는 도시의 이곳저곳에 다양한 방식으로 홍보하고 있는 것이다.[15]

그런데 이런 주장의 배경에는 매우 일관된 문제의식이 흐르고 있는데 그것이 바로 '컬처노믹스'이다. 범박하게 말해 컬처노믹스는 문화가 곧 돈이라는 인식의 다른 표현이다. 이 보고 문건의 앞에는 문화의 시

15 　실제로 서울시내 곳곳의 공사현장 가림막이나 도로변 간이판매대에 이런 형태의 홍보디자인을 설치하여 시민들과 방문객들에게 서울시의 시정지표를 알리고 있다. 이 책이 출간되는 2012년은 서울시장이 바뀌고 난 뒤이므로 서울의 정책 방향은 많이 달라질 가능성이 있다. 그렇지만 창조도시에 대한 활발한 논의를 위해 여전히 이런 검토는 유의미하다는 생각이다.

대가 도래하고 있음을 여러 방식으로 주장하고 있다. 한류(韓流)를 이끄는 영상산업, 세계를 지배하는 게임, 이제 막 성장하려는 공연과 급성장하는 미술품 시장을 구체적 수치로 나타내면서 문화가 곧 돈이 되는 시대임을 명확하게 주장하고 있다. 그런 주장과 함께 문화가 돈이 되기 위해서는 창의성이 우선되는 분위기와 든든한 예술시장, 문화에 대한 다차원적 활용(OSMU, MSMU)[16]이 서로 연계될 때 가능하다는 사실을 강조하고 있다. 문화를 원천으로 고부가가치를 창출하고 도시의 경쟁력을 높이는 것이 컬처노믹스임을 설명하고 있다. 여기에 덧붙여 뉴욕, 런던, 베이징, 도쿄, 홍콩, 싱가포르, 그리고 아부다비, 요코하마가 어떻게 문화를 매개로 도시를 새롭게 정비하고 있는가를 소개하고, 영국의 테이트모던이 거둔 경제적 가치, 뉴욕의 관광객 숫자, 빌바오의 구겐하임 미술관의 경제적 효과 등을 컬처노믹스의 성공사례로 들어 주장의 설득력을 높이고 있다.

여기까지 본다면 왜 컬처노믹스를 서울이 채택해야 하는가는 명확해진다. 도시의 성장 잠재력을 문화로부터 만들어내고 경제적 성장만이 아니라 시민들의 쾌적하고 풍요로운 삶을 가능케 해서 도시의 종합적인 경쟁력을 높이는 것이 바로 컬처노믹스인 것이다. 제조업과 서비스산업의 성장력이 갈수록 하향곡선을 그리고 있는 서울의 지표를 보면, 그리고 급성장하는 세계 문화산업의 성장률과 파급효과를 본다면 컬처노믹스를 마다 할 정책결정자는 없을 것이다.

서울시 문화국은 그런 컬처노믹스 정책의 필요성과 효과를 설명한

---

16 OSMU : One source Multi Use, MSMU : Multi source Multi Use.

뒤에 창의 문화도시로 가기 위한 전략으로 3개의 목표, 즉 예술적 창의 기반 조성, 도시의 문화환경 확충, 도시가치와 경쟁력 증대를 제시한다. 그리고 이 세 개의 전략 아래에 다시 각각 3, 4개의 과제를 설정하여 창의 문화도시로 가기위한 10대 핵심과제를 나열하고 있다. 예술적 창의 기반 조성 전략에는 ① 유휴시설의 문화예술 창의발신지로의 전환, ② 서울 역사(歷史) 복원을 통한 서울의 매력 창출, ③ 문화예술에 대한 기업투자 활성화가 해당되고, 도시 문화환경 확충에는 ④ 서울을 상징하는 문화특화지역 육성, ⑤ 한강변을 서울상징문화공간으로 조성, ⑥ 문화 수요를 충족시키기 위한 문화 공간 조성, ⑦ 각종 문화행사와 축제를 통한 일상생활의 문화화 등을 배치하였으며, 도시가치와 경쟁력 증대 영역에는 ⑧ 세계 최고의 디자인 도시 조성, ⑨ 문화산업을 통한 일자리 창출, ⑩ 1,200만 관광객 유치로 서울 경제 활성화 등을 내걸고 있다. 물론 이 10대 핵심 과제 아래에는 더 많은 단위 사업들이 배치되어 있다. 이런 계획을 위해 서울시는 2008년부터 2010년까지 3개년 간 총 1조 8,532억 3천만 원의 재정 투자를 하겠다고 선언하고 실제로도 이를 집행하고 있는 것으로 보인다.

이렇게 본다면 서울시의 문화발전계획은 그 지향점이 매우 분명하고 계획의 배경을 뒷받침하고 있는 가치관도 명확하다. 그것은 창조도시론에서 말하고 있는 창조산업의 육성과 창조계급의 유인, 창조적 환경의 조성과 그리 멀리 떨어져 있지 않다.

한편, 서울시의 이런 계획은 다른 어느 도시의 문화계획과 견주어 보아도 정책의 선택과 집중의 논리가 뚜렷하게 관철되고 있다는 차별성이 있다. 대부분 다른 도시의 문화발전계획들이 도시의 다양한 요구를 충족시키기 위해 백화점 나열식으로 여러 사업들(이중에는 심지어 상충되는 사업들이 함께 나열되어 있는 경우도 있다)을 늘어놓고 있는데 비해, 서울시의 문화계획은 지향점과 전략, 전략을 달성하기 위한 수단과 사업들이 일관된 논리로 짜여 있는 것이다.

더 나아가 서울시의 이런 문화계획은 정책 담론의 중심에 문화를 올려놓았다는 의의도 있다. 이것은 결코 과소평가할 사안은 아니다. 지금껏 국가나 도시 발전 전략으로 문화가 중심을 차지한 사례는 그리 많지 않았다.[17] 대부분 문화는 다른 영역, 예컨대 도시 개발이나 경제 발전을 위한 들러리이거나 장식물에 불과했는데, 서울의 문화계획은 오히려 문화적 측면이 중심에 서면서 다른 영역까지 추동하고 견인해 가는 정도의 수준에 올라와 있다. 예컨대 공원 조성과 도시 개발의 중심 개념에도 창의적 환경 조성이라는 가치가 전면에 나서고 있는 것이다. 여러 정책담론들이 서로 경쟁하고 갈등하는 양상은 국가나 지방자치단체의 정책결정과정에서 어렵지 않게 발견되곤 하는데 그동안 문화적 가치라는 것이 그 과정에서 판단의 우선순위에 놓이는 경우는 거의 없었다. 그러나 서울시의 이런 계획은 도시정책 결정 과정의 중심에 문화적 요소(그것이 창의 도시라는 포괄적 개념으로 표현되고는 있어도)가 지배적 권한을 갖기 시작했음을 보여주는 징표이다. 그런 점에서 서울시의 계획은 정책 담론의 중심에 문화적 가치를 우선순위로 끌어올릴 가능성

---

17 원혜영 시장 시절 부천시가 문화를 도시 발전 전략의 중심으로 내세우고 5대 문화사업(부천판타스틱영화제, 대학생애니메이션페스티발, 부천필하모닉오케스트라 육성, 복사골문화제 등)을 추진한 바가 있으나 일관된 목표와 전략적 측면에서 보았을 때 서울시의 경우와는 차이가 난다. 요컨대 철학적 담론과 가치관이라는 점이 부천시의 계획에는 충분하게 담겨져 있다고 보기는 어렵다.

을 열었다는 점에서 평가받을 만하다.

　그러나 지금까지 말한 바와 상반된 판단이기는 하지만, 엄밀한 의미에서 서울시의 계획은 문화적 가치를 우선순위에 놓은 것으로 평가하기는 힘들다. 컬처노믹스라는 말이 상징하듯이 서울시의 문화계획은 경제적 부가가치 창출과 도시의 발전이라는 요소가 문화와 창의의 외피를 걸친 것에 불과하기 때문이다. 물론 이 계획 입안자의 고충을 모르는 것은 아니나 문화적 요소를 통해 새로운 부를 창출할 수 있다는 점이 이 계획의 저변을 흐르는 일관된 논리임은 부인하기 힘들다.

　그런데 이런 논리는 사실 창조도시론의 아킬레스건이기도 하다. 서울시의 계획을 살펴보면 서울이기에 가능한 지점이 너무 많다. 문화를 산업화시킬 수 있는 인프라가 조성되어 있고 일정한 문화 시장(市場)이 형성되어 있어서 문화를 통해 부를 창출할 수 있는 곳은 한국에서 서울을 제외하고는 거의 없다고 해도 과언이 아니다. 한국을 대표하는 대다수의 예술가와 전문가가 서울에서 활동하고 있고 그들을 수용할 수 있는 시설도 서울에 집중되어 있으며 예술적 창조물을 구매할 수 있는 인구 역시 수도권에 밀집해 있는 실정이다. 해외 진출의 여건 또한 서울을 제외하고는 그 가능성을 언급하기는 어렵다. 이는 서울이 다른 도시에 비해 정말 오랜 시간 특별한 정책을 추진한 결과라기보다는 한국의 수도라는 지정학적 이점 때문에 얻은 성취라고 보는 것이 사실에 대한 정확한 진단일 것이다.

　그래서 서울이 이렇게 공격적으로 문화산업을 집중 육성시킨다면 주변 도시들은 더욱더 문화적으로는 왜소해질 수밖에 없을 것이다. 문화가 서울로 집중되는 현상이 강화되면 수도권 주민들의 문화적 소비 혹은 문화생활은 더 많이 서울에서 이루어질 것이다. 그렇게 되면 서울 주변의 도시들은 또다시 극심한 문화적 소외로 어려움을 겪는 위치로 전락할 가능성이 크다. 어차피 인프라와 인력, 재정적 여건의 측면에서 서울과 경쟁할 수 있는 도시는 없기 때문이다. 서울은 창조도시로 빛 나겠지만 그것은 주변 도시를 밟고 이루어진 성취에 불과하다. 물론 서울이 창조도시를 만들기 위해 정책적 의지를 갖고 추진하는 것을 무 조건 잘못되었다고 말할 수는 없는 일이다. 그렇지만 주변 도시와의 상생의 전략을 고려하는 것은 생각해 볼만한 일인 것이다. 창조도시의 네트워크적 측면을 정책 방향으로 삼을 만큼 서울은 타 도시를 선도할 수준에 다다랐다고 판단하기에 그런 언급도 가능한 것이다.

다른 한편 창조도시론의 내부에는 이런 문제를 반성적으로 성찰하는 부분이 충분치 못하다는 것도 부인하기 어렵다. 결국 창조도시 서울은 어느새 자기 스스로 반성적 성찰을 할 수 없는, 또 다른 발전 패러다임 의 산물이라는 사실만 쓸쓸하게 입증하는 형국이 되어버리지 않을까 하는 것이다.

4. 성남(城南)의 경우

그런 점에서 성남시의 문화관련 계획은 주목해볼만 하다. 성남시는 도시 자체의 역사가 수도권 신도시 형성의 과정과 궤를 같이 하고 있 기 때문이다. 서울의 위성도시이면서 동시에 이주민들에 의해 새로 형 성된 도시가 성남인 것이다. 성남은 1968년 5월, 당시 건설부의 인가를 받아 1969년부터 광주 중부면 성남지구 일단의 주택단지 경영사업 조성 공사에 착수하면서 도시로서의 역사가 본격적으로 시작된 곳이다. 성남은 서울 철거민들의 집단입주와 1971년 광주대단지 폭동사건 등, 갈등의 역사를 딛고 1989년 정부의 분당신도시계획 발표와 함께 대규모 아파트 단지가 들어서면서 고양의 일산과 함께 수도권의 대표적 신도시로 자리 잡았다. 2006년 판교 신도시 분양 이후 성남의 신도시로서의 성격은 더욱 강화되고 있다.[18]

성남시가 설립한 성남문화재단에서는 성남의 문화발전을 위한 계획으로 『문화예술창조도시 성남 만들기 기본계획 연구』를 2006년 12월에 내놓았다. 이 보고서는 총 5개의 장으로 이루어져 있는데 제목에서 알 수 있듯이 문화도시와 창조도시의 개념을 결합하여 성남을 문화예술창조도시로 위치 지우는데 두 개의 장을 할애하여 검토하고 있다. 다른 두 개의 장은 성남시의 도시적 특성과 시민들의 사회문화의식을 조사한 것이고, 가장 핵심적인 것이 마지막 장인 '문화예술창조도시 조성 목표 및 추진 전략'이다.

이 보고서에 의하면 성남시는 "시민이 주체가 되어 펼쳐나가는 '문화예술 창조도시, 성남' 구현"을 비전으로 잡고 그를 위해 다섯 개의 목표를 내세우고 있다. ① 시민에 의한 문화예술 활동의 활성화를 통해 예술시민의 도시 만들기, ② 생활예술이 꽃피는 문화예술 창조도시 성남, ③ 문화예술을 통한 도심의 공간 정비 및 도시 재생, ④ 지역문화예술의 창조적 산업화, ⑤ 문화예술 창조도시 성남 만들기의 새로운

---

18 성남시청 홈페이지(http://www.cans21.net/Green_sn/history/history.asp, 검색일 : 2009. 9. 10)참조.

추진체계 구축이 그 다섯 개의 목표이다. '문화예술 창조도시'라는 개념을 내세우고 그것을 실현할 수 있는 다양한 목표를 배치하여 한 도시의 여러 문화적 요소를 결합시켜 놓고 있다.

그런데 우리가 주목해 보아야 할 것은 이런 비전과 목표 아래에 추진 전략으로 내세우고 있는 5대 문화정책 사업이다. 5대 문화정책 사업은 시민이 주체가 되는 문화예술창조도시를 위해 성남이 꽤 공력을 들인 부분이다. 성남문화재단은 이 5대 문화정책 사업을 통해 "시민이 주체가 되어 펼쳐나가는 '문화예술 창조도시, 성남' 구현"이라는 비전을 효과적으로 달성하기 위해 초점을 모으고 있는 셈이다. 물론 이 외에도 다양한 추진전략이 제시되고는 있으나 그것은 다른 도시의 문화발전계획과 대동소이하다. 그런 점에서 성남문화재단이 제시하고 있는 문화발전계획에서 5대 문화정책 사업의 비중은 매우 크다고 할 수 있고 보고서의 내용 역시 이 부분에 초점이 맞춰져 있다.

5대 문화정책 사업은 실제로 개별 사업으로 구성된 것인데 문화도시 성남시의 정체성 구축, 우리 동네 문화공동체 만들기, 사랑방 문화클럽 네트워크 구축, 성남인의 창작활동 진흥사업, 문화 통화(通貨) 시스템의 기반 조성이 그 내용 항목들이다.

5대 문화정책 사업 중 첫 번째인 '문화도시 성남시의 정체성 구축'은 특정한 사업 내용을 중심으로 한다기보다는 어떻게 창조도시 성남을 만들 것인가를 지속적으로 연구해서 기본 계획과 실행계획을 만들어간다는 내용이다. 보고서에는 창조도시로 가기 위한 여러 내용을 담고 있지만 그것도 일종의 예시(例示)일 따름이고 조사 연구와 토론을 통해 구체화되고 확정해야 할 사안임을 암시하고 있다. 두 번째 '우리 동네 문화공동체 만들기'는 주민이 참여하는 문화공동체와 공공예술프로젝트의 성격이 강하다. 보고서에서는 구도심지역인 태평4동을 선택하여 문화마을의 모델을 만들고 이를 점차 성남의 다른 동으로 확산시킨다는 구상이다. 공공예술프로젝트를 통해 시민들이 함께 참여하는 마을만들기 사업으로 문화와 예술로 주민 커뮤니티를 새로운 방식으로 구성해보자는 의도를 갖고 추진되고 있다. 세 번째 사랑방 문화클럽 네트워크 구축은 시민들의 자발적인 문화동아리 혹은 동호인 모임을 네트워크시키는 사업이다. 지방자치단체로서는 최초로 실시된 문화클럽실태조사에서 성남에는 총 1,103개의 문화클럽이 있다는 것에 착안하여 이들이 지역사회에 공헌하고 함께 연대할 수 있도록 지원하는 것이다. 이 사업은 실제 2008년 제1회 사랑방 문화클럽 페스티벌 개최라는 성과를 거두기도 했다. 네 번째는 '성남시민의 창작활동 진흥사업'으로 시민들이 문화 향유뿐만 아니라 창작활동의 주체가 될 수 있는 사업을 기획한 것이다. 시민들이 직접 기획한 전시를 개최하거나, 미술관의 운영 등에 참여할 수 있도록 하는 사업이다. 마지막으로 문화통화 시스템의 기반 조성 사업은 시민, 예술인 동호회, 각종 문화행사를 연계하여 상호 연대와 상호 부조를 도모하여 궁극적으로는 지역문화를 발전시키는 사업이다. 공연, 전시, 교육, 자원봉사, 공간 제공, 조명과 음향기기 대여 등 문화활동을 매개로 시민과 예술인, 전문가, 문화 공간 및 행사가 '넘실'이라는 통화 수단을 통해 상호 거래가 이루어지는 방식이다. 시민이 특정한 문화 자원 봉사를 하면 정해진 '넘실'을 받을 수 있고 그 '넘실'은 교육 수강, 공연 관람에 활용될 수 있다. 예술인이 특정한 공간에서 공연을 하더라도 '넘실'을 받을 수 있으며 공간을 제공하는 곳도 '넘실'을 제공받는다. '넘실'은 자체적으로 제작한 통장을 통해 관리된다. 지역사회 구성원들이 다양한 문화활동을 통해 자발적으로 연계되는 문화통화시스템을 통해 성남은 시민과 예술인들이 문화활동의 주체가 될 수 있도록 한다는 목표를 갖고 있다.[19]

이런 5대 문화정책사업의 내용을 검토해 보면 성남이 가려고 하는 방향을 명확히 알 수 있다. 즉 시민이 문화예술활동의 주체이자 지역의 창조적 주인으로, 즐거운 삶을 스스로 만들어가는 생활의 주체로 구성되고 조직되는 것을 목표로 하고 있는 것이다. 5대 정책 사업은 모두 시민을 중심에 놓고 기획된 사업으로만 구성되어 있다.

문화예술 창조도시를 표방하고 있는 성남문화재단의 보고서 또한 그런 방향에서 커다란 틀이 맞춰져 있다. 문화예술 창조도시의 합리적 핵심은 "문화도시를 지향하되 그것을 만들어 나가는 주체의 창의적 측면을 강조하여, 문화예술을 통해 시민 한 사람 한 사람이 창조적인 활동에 참여하여 함께 문화도시를 펼쳐나가는" 것이고 "문화예술을 통해 시민의 주체적 참여와 창의성을 바탕으로 문화도시를 창조해 나가고자 하는" 것으로 요약될 수 있다.[20]

이렇게 본다면 성남이 지향하는 '문화예술 창조도시'는 창조도시의 여러 영역 가운데에서도 시민에 방점이 놓여 있다고 할 수 있다. 그렇지만 성남시가 지향하는 바가 창조도시론의 문제의식과 엄밀하게 일치한다고 말하기도 어렵다. 창조도시론은 시민만을 중심으로 하고 있지는

---

19 사랑방 문화클럽과 문화통화에 대한 것은 성남문화재단 사랑방 문화클럽 홈페이지(http://clubsb.or.kr, 검색일 : 2009. 9. 10)를 참조할 것.
20 성남문화재단, 『문화정체성 확립을 위한 문화예술 창조도시 성남만들기 기본계획 연구』, 성남문화재단, 2006, 12면.

않기 때문이다. 시민은 여러 중요한 요소들 가운데 하나일 뿐이다. 그런 점에서 성남의 사례는 문화예술을 매개로 시민의 창의성을 살려나가자는 의미로 창조도시론을 일부 차용한 것을 보는 것이 맞다. 또 굳이 창조도시론이 아니라고 하더라도 창의성 자체가 문화를 구성하는 주요 요소이므로 성남의 계획에서 창조도시론이 차지하는 비중은 그렇게 절대적인 것은 아니다. 다만 창조도시론을 표방하는 도시의 장점을 두루 참조하고 문화산업 분야의 일부에서 창조도시론의 입론을 빌려오고 있는 정도이다.

어쨌거나 중요한 것은 성남 문화 정책의 중심에 시민이 서 있으며 시민의 창의성을 최대한 진작시켜 그것을 문화도시의 구현으로 연결시키겠다는 의도를 확인하는 것이다. 물론 이 계획은 성남시 정부가 전폭적으로 동의해서 이루어낸 정책 방향은 아니다. 계획이 실현되는 것도 성남문화재단이 사업을 먼저 이끌어가고 일부 사업이 성과를 보이자 이후 성남시가 뒤늦게 지원하는 방식으로 추진되고 있다. 연구나 사업의 추진 주체에서도 성남시보다는 성남문화재단이 전면에 나서고 있는 형국이다.

다른 한편 이 보고서가 주장하고 있는 시민 중심의 문화정책은 더욱 엄밀하게 따져볼 필요가 있다. 시민 중심의 문화사업이라는 이름 아래에 5대 문화사업을 배치한 것에 대해 이의를 달 생각은 없으나 시민 중심의 문화 도시 혹은 문화정책의 방향이 어떻게 정립될 수 있을 것인가는 뚜렷하지 못하다. 시민이 중심이 된다는 것은 언뜻 명확해 보이지만 무엇이 시민 중심인지, 그 이전의 문화정책과 어떤 차별성이 있는지에 대해서는 명확치 못한 것이다. 지방정부가 문화분야의 어떤 사업 결과물을 놓고서도 시민 중심의 정책에 따른 결과라고 말해도 통용되는 것이 현실이라면 성남문화재단에서 강조하는 시민 중심의 문화 정책이 과연 어떤 관점에서 근본적으로 다른 것과 구별되는 것인지는 설명될 필요가 있다. 그렇지만 보고서에서 그런 부분은 뚜렷하지 못하다. 시민들이 문화예술 향유의 중심이 된다는 것 이상으로 나아가지 못하고 있는 것이다. 그런 점에서 성남의 사례 역시 충분히 의미 있는 것이기는 하나 여전히 한계는 남아있다고 할 것이다.

그렇지만 성남의 이런 계획은 서울의 그것과 좋은 대비를 이룬다. 서울이 컬처노믹스를 표방하면서 문화를 통해 경제적 성장과 도시 발전을 이루겠다는 비전과, 서울의 위성 도시로 시민의 창의성을 최대한 이끌어내어 시민이 문화 발전의 중심이자 도시의 중심으로 서도록 하겠다는 성남의 계획은 지역문화정책이 당면한 두 양상을 매우 단적으로 보여주는 사례인 것이다. 아울러 그것은 창조도시론의 현실적 가능성과 문제점을 모두 보여주는 사례라고 할 것이다.

5. 시사점과 남는 문제들

지금까지 창조도시론의 주장들을 살펴보고 서울과 성남의 문화계획을 검토해 보았다. 창조도시론의 지향점이 서울과 성남의 사례를 통해 어떻게 현실화되고 있는가도 그 과정에서 살펴보았다. 서울의 사례가 문제가 있다거나, 아니면 성남의 사례가 올바른 방향이라는 가치판단을 내리려는 게 이 글의 목적은 아니다. 오히려 도시를 사람들이 살아

가는 공간, 여러 이해관계가 얽혀 갈등하는 장으로 읽어내고 그것을
인간 삶의 개선이라는 전체적인 맥락에서 사고하는 일의 중요성을 인
식하는 일이다. 같은 사안도 맥락에 따라 정반대의 효과를 내는 경우
도 있다.

즉 유사한 정책도 추진방식에 따라 결과는 다른 양상으로 나타나는
경우가 있는 것이다. 그렇다고 그것을 획일적으로 평가하기도 어렵다.
거기에는 여러 가지 복잡하고 구조적인 원인들이 얽혀있을 것이다. 인
문학자들이 도시의 문제들에 대해 문제의식을 갖고 접근할 필요가 있
는 것도 그래서이다. 도시의 문제는 사람들의 생활과 구체적으로 연결
되어 있다. 지금까지 도시는 도시 공학자들이 설계하고 경제학자들이
그 효과를 분석해왔다. 인문학자는 이미 만들어진 도시 속에서 이루어
지는 사람들의 삶과 문화적 결과만을 분석해왔다. 그렇지만 왜 도시가
그렇게 만들어지는지, 어떤 문제들이 거기에서 발생하는지, 그를 통해
사람들의 삶이 어떻게 왜곡되고 풍요롭게 되는지에 관심을 가질 필요
가 있는 것이다. 도시를 텍스트로 분석할 수 있지만 그 텍스트의 생성
과 변형에도 관심을 가질 필요가 있는 것이 오늘날의 현실인 것이다.

창조도시론 역시 마찬가지이다. 서구의 선진국을 중심으로 제기된
창조도시론은 우리의 삶의 조건에 꼭 들어맞는 것으로 보기 힘든 구석
이 있다. 도시는 사람들이 살아가는 생활의 터전이지만 전 지구적인
자본주의 시스템의 산물이기도 하다. 고부가가치 산업을 육성시키고
거기에 종사하는 고급 인력을 끌어들이는 일은 자본의 논리와 떨어져
있는 것이 아니다. 그런 점에서 오늘날 도시가 어떠해야 하고 그 도시
를 구성하는 문화적 요소들을 어떻게 가꾸고 키워갈 것인가는 단순하

게 생각할 일은 아니다. 더구나 식민지를 거쳐 압축적 발전을 버텨온 우리의 도시를 어떻게 사람들이 살아가는 공간으로 재구성할 것인가는 창조도시론만으로 해결될 성질의 것은 아니다. 물론 창조도시론의 긍정적 측면들을 수용하면서 우리가 놓인 처지를 잘 살피는 일이 필요하다.

서울과 성남을 보면 창조도시론을 적극적으로 받아들이자거나 혹은 배격하자고 주장하는 것은 현실적으로 큰 의미가 없는 일처럼 보인다. 본질은 무엇이 인간다운 도시를 만드는 일일 것인가를 근본적으로 성찰하는 일이다. 그래서 동아시아 신흥개발국가의 도시, 그것도 중국과 일본 사이에 끼어있는 분단된 국가의 도시적 삶이란 것이 어떠해야 할 것인지는 온전히 우리가 해결해야 할 과제일 것이다. 우리는 그런 점에서 도시와 인간적 삶에 대한 성찰적 자세를 지켜나가는 일이 필요하다. 도시와 지역을 고민할 때도 인문학적 상상력이 절실하게 필요한 이유도 바로 그 때문이다.

대안적 지역 연구와 서울 강북 지역 연구의 방향

1. 지역은 어떤 의미를 갖는가

일단 개념을 규정하는 것으로부터 시작하자. 이 글에서 말하는 '지역'은 주민들의 일상생활이 이루어지는 일정한 공간 영역을 범박하게 지칭한다. '지역'이라는 말은 민족과 국가, 혹은 지구적 단위로서의 생활과 삶을 여러 층위에서 지칭하는 용어로 사용될 수도 있으므로 그 사용되는 맥락에 따라서 혼란을 초래할 수 있다. 최근에는 지역이라는

* 이 글은 2010년 6월 4일 덕성여대 인문과학연구소 지역문화연구센터에서 주최한 심포지엄 '강북이란 무엇인가'에서 발표된 내용을 수정 보완한 것이다. 심포지엄에서 제기된 여러 논의들은 이번 원고를 보완하는 데에 중요한 참고가 되었다. 행사를 기획한 덕성여대 인문과학연구소와 윤지관, 이명찬 교수님, 그리고 좋은 지적과 논의를 해주신 토론자 선생님들께 이 자리를 빌어 감사를 표한다.

말의 이런 혼란 때문에 '로컬리티(locality)'라는 영어를 차용하는 경우도
꽤 늘고 있다. 부산대학교 한국문화연구소는 HK사업으로 '로컬리티
의 인문학'이라는 이름 아래에 다양한 연구과제 및 사업을 진행하고
있는데 그것이 대표적 사례라고 할 수 있다.[1] 여기에서는 나날의 삶이
지속되는 일상적 생활 범위로서의 지역을 우선적인 대상으로 한다는
점을 밝혀두고자 한다. 사람에 따라서는 지역이란 말 말고도 '지방'
혹은 '향토'라는 말이 적절하다고 판단할 수 있겠지만 그런 용어의 지
칭과 개념, 용어가 사용되는 사회언어학적인 맥락에 대해서는 논란의
여지가 있고 게다가 용어의 개념 규정문제를 이 글이 문제 삼으려는
것은 아니므로 일단 이곳에서는 '지역'이라는 말을 사용하고자 한다.
어쨌거나 엄밀히 따져볼 때 국가와 민족 단위의 생활과 지구적 삶, 그
리고 지역의 생활이 전혀 별개의 것은 아닐 터이지만 논의의 편의를
위해 이곳에서는 '지역'이라는 용어를 그렇게 사용하기로 한다는 조작
적 정의를 내리고 논의를 시작한다.

그런데 용어 문제를 떠나서라도 일상적 삶이 이루어지는 생활의 범
위로서 지역은 그것대로의 의미를 갖는 것이기도 하다. 왜냐하면 그것
은 생활공동체 혹은 일상공동체이면서도 오랜 시간 그 공간에서 살아
온 사람들의 생활이 누적되어 형성된 역사와 경험을 바탕으로 하기 때
문이다. 요컨대 지역은 생활의 역사를 기반으로 한 분화석 공농체인
것이다. 매일 출퇴근하거나 통학하기 위해 오가는 곳, 식사하고 산책하
고 여가를 보내는 곳, 생활에 필요한 물건을 사는 곳(쇼핑은 다를 수도 있

---

1 부산대학교 로컬리티의 인문학 연구단 홈페이지(http://www.pncc.kr/~pncc/hk_main.html)
   참조.

다), 그런 과정에서 사람들을 만나고 사귀게도 되는 곳이 바로 생활공동체인데 그것은 개인에게는 삶의 역사가 되기도 하고 공동체에게는 공통의 경험이 누적되면서 그곳만의 문화를 형성하게도 된다. 일정한 공간에서 반복되는 일상의 생활이란 나와 내 가족만이 아니라 이웃들과 함께 공유하는 생활의 조건들을 기반으로 하고 있다. 즉 비슷한 일상의 조건 속에서 생활을 누리고 있는 공간적 집합체가 지역인 것이다. 지역이 의미를 갖는 것은 기본적으로는 이런 것에서 출발한다.

일상적 생활의 여건을 공유하고 있는 '생활 공동체'가 바로 지역이라는 점에서 우리는 지역을 하나의 문제틀로 고민하고 사유할 필요성을 느끼게 된다. 지역에서는 생활에 대한 문제의식이나 대안도 함께 고민할 수 있는 토대를 공유할 수 있기 때문이다. 따라서 지역은 생활 공동체, 문화공동체이자 상황에 따라 '문제 해결의 공동체'일 수도 있는 것이다. 우리가 지역에 관심을 두고 뭔가를 연구하고 어떤 것을 발견, 발명해내려는 것도 바로 그런 이유에서이다.

그런데 여기에서 오늘날 누리는 일상생활이라는 것은 전 지구적 자본주의 체제로부터 완전히 자유롭기는 힘들다는 점 역시 간과해서는 안 된다. 자본주의가 만들어낸 물질문명과 생활 세계는 우리의 일상 곳곳에 미만(彌滿)하게 퍼져있다. 자본주의적 생활 세계는 삶을 균질화시키고 생활을 획일화시킨다. 거대 다국적 자본이 만들어낸 상품과 서비스들이 그 단적인 예이다. 세계화라는 이름으로 오늘날 지구에서 살아가는 인류는 모두 비슷한 브랜드의 옷을 입고 비슷한 음식을 먹고 비슷한 영화를 즐기며 똑같은 컴퓨터 프로그램과 유사한 커뮤니케이션 방식에 길들여지고 있다. 이것이 문제가 되는 이유는 자본에 의해 사람들의 삶이 표준화되고 표준화된 바에 따라 삶의 개별 주체들은 오히려 그 자본에 귀속되는 방식, 아울러 더 많은 이윤이 그 자본에 집중되고 다시 우리의 삶은 그 자본에 의해 관리되고 통제되는 시스템 때문이다. 게다가 더욱 중요한 것은 그런 자본이 우리의 생활 조건을 파괴시키기도 한다는 점이다. 그렇기 때문에 사람들의 생활이 거대 다국적 자본에 의해 식민화되는 것은 국가와 국가 간의 문제만이 아니라 오히려 지역의 일상적 생활로부터 시작된다고 볼 수 있다. 지역은 지구적 삶이 실현되는 가장 구체적인 현장이면서 동시에 그 지역만의 고유한 문화적 생활 공동체가 형성되고 유지, 변화되는 장인 동시에 그것들이 서로 갈등하고 투쟁하는 장이기도 한 것이다.

그렇게 본다면 지역은 생활을 공유하고 삶의 여건을 공유한다는 점에서 그곳에 거주하는 주민들이 문제를 함께 찾고 대안도 함께 모색할 수 있는 기본적 거점, 나아가 지구적 자본주의의 균열의 틈이 될 수 있다는 상상도 가능하게 된다. 지역은 일상의 생활 여건을 공유하는 공동체이고 그렇다 보니 생활로부터 비롯되는 문제들에 대한 인식을 함께 하거나 그것을 해결해 나갈 대안을 함께 찾는 것이 가능한 사람들의 집합체이다. 지역에서 발견되는 문제는 어떤 추상적인 것이 아니라 생활의 구체적 문제들과 직결되는 것이기 십상이다. 따라서 지역의 문제에 천착한다는 것은 그런 삶의 현실성, 생활의 직접성과 매개되어 우리로 하여금 현실에 개입할 수 있는 통로와 동력을 확보한다는 의미도 있다. 문제에 대한 발견과 인식, 문제 해결을 위한 실천의 가능성이 지역에서는 비교적 뚜렷해 보일 때가 많은 것이다. 국가 단위, 지구 단위로 확장되었을 때 아득해 보이는 것이 지역에 착목함으로써 때로는 문제 인식도 해결 방법도 비교적 분명하고 명징해 보일 수 있다는 것이다. 추상적 담론의 문제들이 지역의 문제와 결합될 때 현실의 구체성으로 전환될 수 있는 것이다. 그것은 역으로 추상적 담론의 현실적 구체성이 검증되는 장이 바로 지역일 수도 있다는 말이 된다.

지역에 매몰되지 않는 긴장감만 확보할 수 있다면 지역은 지구적 자본주의의 지배 방식이 초래하고 있는 문제나 국가 지배 권력의 일방적 독주의 문제에 대한 인식은 물론이고 대안적 삶과 문화에 대한 다양한 가능성을 구체적으로 확인할 수 있는 거점이 되기도 하는 것이다. 오늘날 지역이 더욱 중요해지는 것은 그런 맥락 속에 존재한다.

2. 지역 연구의 의미와 인문학의 역할

그렇다면 지역이라는 공간 안에서 이루어지는 생활, 혹은 일상을 다시 생각해 볼 필요가 있다. 생활이 어떤 존재와 성격인지를 분명히 한다면 지역 연구와 관련된 문제 발견의 통로도 보일 수 있겠기 때문이다.

그러면 일상이란 무엇인가. 일상이나 생활은 의식주를 중심으로 그것을 둘러싼 여러 세목들의 집합체에서 크게 벗어나지 않는다. 옷을 입고 잠을 자고 활동적인 생활을 위해 음식물을 섭취하고 아이를 키우고 직장을 다니는 문제들이 그것이다. 학교에 다니고 아프면 병원에 가야하고 돈을 벌어야 하고 안정된 직장을 구하고 휴일이면 잠을 자고 가족들과 함께 놀러가기도 하고 맛있는 곳을 찾아다니기도 한다. 그런

것들이 생활이고 일상일 터이다. 인간이 인간으로 살아가기 위해 기본
적으로 필요한 세목들의 집합과 인간이 맺는 관계의 망이 일상이다.
그런데 이것들은 따지고 보면 사람들의 세속적 욕망과도 연결되어 있
다. 더 좋은 옷, 더 넓고 쾌적한 집, 더 좋은 학교, 더 좋은 차, 안정된
직업, 좋은 직장, 통틀어 더 많은 수입과 직결된 문제가 일상의 관심사
이기도 한 것이다. 내 생활과 일상을 규정하고 있는 것은 그런 세목들
이고 그런 조건들이 바뀔 때 삶도 바뀌는 것이다. 일상의 많은 것들은
이런 생활의 조건들과 연결되어 있다.

지구적 자본주의와 거대 자본에 바탕을 둔 상품과 서비스들도 이런
생활과 무관하게 존재하지 않는다. 아니, 오히려 우리를 지배하고 있는
거대 자본의 실체적 모습이 바로 일상의 삶이기도 한 것이다. 삼성그
룹이 없는 우리의 일상을 상상해 보라. 우리의 일상이 지구적 자본주
의에 의해 포획되고 거대 자본에 의해 만들어지는 유무형의 상품에 식
민화된다는, 더 나아가 생활의 기반이 그것들에 의해 구성되고 재편된
다는 주장도 그런 점에서 이해할 수 있는 일이다. 그렇기 때문에 생활
의 문제는 따지고 보면 근본적으로는 자본의 문제이기도 하며 식민과
탈식민의 문제이기도 하다.

지역을 놓고 국가와 자치단체의 개발주의가 파고들어갈 수 있는 것
도 근본적으로는 '생활과 욕망의 문제와, 지역의 여건이 밀접하게 연결
되어 있기 때문에 가능한 것이기도 하다. 사람들이 자신의 세속적 욕
망을 개인적이고 우연적인 차원에서 해결할 수 있다면, 예컨대 로또에
당첨되는 것처럼, 그럴 때에야 물론 개인이 알아서 할 일이겠지만, 이
런 생활의 조건과 세속적 욕망이 지역의 생활 공동체와 밀접히 연결되

는 순간 그것은 지역의 문제로 전화된다. 예컨대 주거지역을 재개발한다거나 특정한 시설이 우리 동네에 입지한다거나 아니면 교통 환경과 관련하여 중대한 변화가 온다는 발표가 국가 혹은 자치단체에 의해 계획되고 발표되면 지역은 단번에 갈등의 구조에 놓이게 된다. 생활의 조건이 바뀌는 것이 세속적 이익과 연결되어 버리기 때문이다.

그렇지만 물론 그 반대의 경우도 분명 존재한다. 세속적 이익이 아니라 다른 방식의 삶의 가치를 찾는 것, 생활의 조건들을 이웃과 함께 해결하고 개선해 감으로써 개인적 이익이 아니라 공동체가 함께 더욱 인간다운 생활을 누리는 장소로 변화시켜가는 것도 가능한 것이다. 이른바 대안 공동체가 그것이다. 그런데 이 경우는 앞의 사례보다 그 실현 가능성이 쉽지 않다. 눈앞의 욕망과 세속적 이익에 사람들은 훨씬 잘 길들여 있기 때문이다. 그 욕망과 세속적 이익의 정체에 대한 성찰적 사고는 쉽지 않은 것이다.

그런 점에서 대구 삼덕동의 사례나 서울 마포구의 성미산 마을의 사례는 생각해 볼만 하다. 삼덕동은 오랜 시간 주민들 스스로 담장 허물기 운동을 하고 인형마임축제인 '머머리섬축제'를 만들어 주민들이 모두 참여하는 공동체의 잔칫날로 발전시킨 곳이다. 재개발의 유혹에도 흔들림 없이 현재에도 마을 공동체를 유지하며 살아가는 곳이다.[2] 이들은 다양한 활동을 통해 마을 커뮤니티를 형성시켰으며 그런 재개발 사업이 생활의 참된 가치를 얼마나 무참하게 희생시키고 미래를 파괴하는가를 체득하고 있다. 함께 살아가는 생활의 가치를 이미 확인했기

---

2 대구 삼덕동에 대해서는 이현식, 『민예총문고006-왜 지역문화인가』(로크미디어, 2007)를 참조할 것.

때문에 그런 인식도 가능해진 것이다.

성미산 마을 역시 오랜 시간에 걸쳐 대안 공동체를 자체적으로 형성해 온 곳이다. 이곳에 육아공동체와 대안학교가 만들어지고 마을 극장이 들어서고 협동조합에 근거를 둔 공동체가 활발하게 형성되면서 더 많은 사람들이 성미산 마을의 주민이 되었다. 그런데 최근 이곳은 개발 사업에 의해 마을 공동체가 와해될 위기에 처해 있다. 토지 소유주인 홍익재단이 일방적으로 숲과 마을을 훼손하면서 주민들이 이를 저지하는 싸움을 벌이고 있다.3 성미산 마을 주민들은 돈을 더 많이 벌기 위한 삶, 내 아이를 더 좋은 학교에 보내려는 삶, 아파트의 넓이를 확장시키려는 삶이 실제 생활과 가족, 그리고 이웃의 관계를 얼마나 황폐화시키는가를 깨닫고 그보다 행복한 삶의 가능성은 다른 곳에 있다는 것을 마을 공동체 생활을 통해 알고 있는 것이다. 이렇게 대안적 공동체의 건설과 지역 운동은 일상의 삶의 문제와 결부되어 있으므로 각별한 노력을 요한다.

그러므로 일상적 생활이란 것은 정치적이고 계급적인 문제들과 밀접히 연결되어 있다. 일상을 유지시키는 생활의 여건과 인프라는 사람들의 세속적 이익은 물론 그 사회의 물질적 토대와 분리되어 존재하지 않는 것들이기 때문이다. 그렇기 때문에 일상의 생활은 정치와 절연된 공간처럼 보이지만 때로는 노골적으로 때로는 은밀하게 정치적인 문제, 혹은 민주주의의 문제, 자본의 문제들과 관련되어 있다. 정치적 문제와 생활의 문제는 별개가 아닌 것이다. 왜냐하면 정치란 것은

---

3 「홍익재단 공사 강행, '성미산의 수난'」, 『경향신문』, 2010. 7. 17, 사회면 참조.

상식적으로 볼 때에도 사람들이 바라는 사회와 삶의 조건들에 대한 다양한 갈등과 이견을 조정하고 때로는 투쟁하며 나아가는 장이기 때문이다. 생활 따로 정치 따로 존재하는 것이 아니라 생활은 곧 정치이고 정치에는 생활의 문제가 배제될 수 없다. 생활이 배제된 정치는 참된 정치라고 말할 수 없는 것이다. 생활을 바라보는 태도는 그런 점에서 정치적인 입장의 문제이기도 하며 세속적이고 물질적인 욕망들에 대한 결단의 문제이기도 하다.

지역 연구에 있어서 인문학적 연구가 필요한 것은 사정이 이런 데에서 말미암는다. 인문학의 사전적인 의미는 "인간의 조건에 관해 탐구하는 학문"이다. 모든 학문이 인문학의 영역인 진선미(眞善美)의 가치판단의 문제를 다루고 있지만 그럼에도 불구하고 오늘날 인문학은 보다 더 의식적으로 이런 진선미의 문제에 가까이 다가갈 필요가 있다는 점에 주목해야 한다. 요컨대 무엇이 참이고 거짓인가, 무엇이 선이고 악인가, 무엇이 아름다움이고 추한 것인가를 인문학은 근본적으로 탐색해 들어간다. 근대 자본주의 사회에서는 학문마저도 이런 진선미의 문제보다는 무엇이 이익이고 손해인가, 무엇이 편리하고 불편한 것인가, 어떻게 하는 것이 효율적이고 비효율적인가에 초점을 맞추고 있다. 그러므로 이익과 손해, 불편과 편리, 효율과 비효율의 문제가 아닌, 참과 옳음, 그리고 아름다움의 가치를 탐색해 들어가는 것은 현대 자본주의 체제 하의 학문 영역에서 더욱 각별한 의미를 지닐 수밖에 없다. 각종 응용학문들이 이윤 창출에 보다 더 깊이 관여되어 있다면 인문학은 상대적으로 그로부터 자유롭기에 근본적인 가치 판단에 충실해야 하는 것이다.

특히 최근 지역 연구의 경향과 관련해서 보면 제대로 된 인문학의 중요성은 더욱 절실한 바가 있다. 근래 지역에 대한 연구의 주된 방법론적 흐름은 정책적 관점과 향토적 관점에서 나온 연구결과물, 그리고 아카데믹한 경향에서 이루어진 연구 성과 등으로 나누어 볼 수 있다. 정책연구는 지역이 당면한 문제들에 대해 대안을 내놓고 그 실현 방법을 구체적으로 탐색해 들어간다는 점에서 분명 중요한 의미를 지닌다. 그러나 정책연구는 근본적으로는 현실과 기능주의적으로, 실용적으로 연결되어 있다. 그리고 때로는 노골적으로 정치적일 때도 없지 않다. 왜냐하면 정책연구는 정책 자체의 근본적 타당성에 대한 물음은 괄호로 묶어버리기 때문이다. 정책연구는 연구를 발의한 국가와 지방정부, 혹은 기업에 예속되어 진행되는 경우가 많다. 예컨대 4대강 개발 사업에 대한 정책 연구는 4대강 개발 자체에 대해서는 문제 삼지 못한다. 물론 그 반대의 경우, 즉 대안 사회를 위한 다양한 정책 연구들이 있을 수는 있겠지만 아직 그를 위한 물질적 토대는 튼튼하지 못하다.[4] 그런 점에서 현재 지역을 대상으로 이루어지는 주요한 정책 연구들은 지역에 대해 근본적인 관점(진선미를 판별하는 관점)에서 접근하는 데에는 한계를 가질 수밖에 없다. 현실적으로는 정부 산하 기관, 혹은 대기업의 연구소에서 이루어지는 연구들이 정책연구의 주류를 이루는데, 이들이 모두 그렇다는 것은 아니지만, 자본과 권력의 입김으로부터 연구가 자율적이고 독립적으로 이루어지기 어려운 실정이다. 대개의 정책 연구들이 개발주의에 편승하는 방향에서 진행되는 것 역시 그 때문이다.

---

4 대안적 정책 연구의 대표적인 사례가 희망제작소이다. 희망제작소에 대해서는 홈페이지 (http://www.makehope.org)를 참조.

한편, 향토적 관점에서 이루어진 연구들 역시 지역 중심주의, 때로는 지역 이기주의에 침윤된 것들이 적지 않다. 자기 지역에 대한 애향심이야 탓할 것이 없고 또 존중되어야 할 것이지만 그것이 타자를 배려하지 않는 배타적 지역 중심주의로 흐를 때 항상 문제를 발생시킨다. 향토주의는 자기 지역에 대한 일방적 집착으로 흐를 가능성이 있기에 문제의 소지를 안고 있다. 그렇게 되다 보면 사물에 대한 올바른 가치 판단을 그르치게 되는 경우가 많고 판단의 기준이 자기 지역의 배타적 이익이라는 관점에서만 세워질 뿐만 아니라 더 나아가다 보면 순혈주의(純血主義), 즉 우리 지역 출신이면 다 옳고 다 좋다는 식으로 작동될 가능성마저 있는 것이다. 많은 향토사가들이 '향토애'라는 관점에서 지나치게 자기 지역에 대한 우월감을 강조하려는 의욕으로 현실의 객관성을 저버리는 경우도 많은 것이다. 예컨대 자기 고장 출신의 역사적 인물에 대한 평가의 경우 해당 인물의 치부는 가린 채 업적만을 높이치다 보면 종종 본말이 전도되는 문제가 발생하기도 한다. 친일 인물의 평가를 놓고 지역에서 빚어지는 논란들이 그런 대표적 사례이다.

아카데미즘 역시 마찬가지이다. 여기에서 말하는 아카데미즘이란 왜곡된 학문 중심주의를 편의적으로 그렇게 부르는 것인데 현실과의 긴장감을 잃고 논문을 위한 논문, 학문 제도 안에서 매너리즘에 빠져 연구 성과를 내기에만 급급하는 행태를 지적하는 것이다. 향토주의와 정책연구를 비판적으로 지양하고자 하는 연구자들 중에서도 때때로 이런 아카데미즘에 안주하는 경우가 없지 않다. 정책 연구와 향토주의적 연구들이 간과하고 있는 학문적 엄밀성을 보완한다는 의미는 있지만 이역시 학문 우월주의적 태도에 다름 아니라고 생각한다. 게다가 그런 아카데미즘에 빠진 연구들은 현실과의 건강한 긴장 관계를 형성하지 못하고 지역 연구의 현실적 의미를 놓치는 경우가 대부분이다.

인문학은 사회 전체에 대한 성찰의 입장에서 무엇이 진리이고 선한 것이며 아름다움인지를, 자본과 권력에 얽매이지 않고 연구하는 학문이다. 아울러 그것은 현실과 기능적이고 실용적으로 뒤얽히지 않고 대상에 대해 근본적으로 파고 들어가는 학문이기도 하다. 따라서 인문학이 지향하는 건강한 문제의식과, 지역이 당면한 현실적 문제가 올바로 결합될 때 지역 연구는 소기의 성과를 거둘 수 있을 것이다. 아니 오히려 그렇기 때문에 올바른 지역 연구는 인문학적 바탕 위에서 진행될 때에라야 앞에서 말한 지역의 의미를 제대로 선취하고 지역이 당면한 문제를 근본적으로 성찰할 가능성을 얻게 되는 것이다. 대안적 지역 연구는 그래서 필요한 것이다.

3. 서울 강북 지역의 삶의 조건 – 강남 3구와의 비교

그렇다면 이런 관점에서 서울의 강북 지역(이하 '강북'으로 약칭)은 어떻게 연구할 것인가. 일단 여기에서는 강북이 당면한 특정의 문제를 다루지는 않는다는 점을 확인하기로 한다. 총론적인 측면에서 강북의 생활 조건을 검토함으로써 강북 지역에 대한 연구의 전망을 어디에서 찾을 수 있을 것인가를 생각해보는 데에 그치려 한다. 강북이 무엇이고 강북은 왜 문제적인지, 그리고 강북은 어떻게 사람들에게 표상되어왔는가 하는 문제는 따지고 들어가면 중요한 문젯거리가 한둘이 아니겠지만 이곳에서는 강북이 놓여있는 삶의 여건을 검토하는 것에서 강북 연구의 가능성을 모색해 보기로 한다.[5]

이 글에서 말하는 강북은 일단 서울 동북쪽에 상호 인접해 있는 세 개의 자치구인 강북, 도봉, 노원구를 가리킨다.[6] 이들은 모두 성북구로 부터 분구되어 나온 곳이다. 노원구가 신도시에 가까운 아파트 밀집지역이라면 강북과 도봉은 상대적으로 그렇지 않은 곳이다. 노원구의 주택 구성에서 아파트가 차지하는 비율이 86.7%에 달하는데 비해 강북과 도봉은 각각 23.6%와 55.1%이다. 다가구와 다세대 주택 비율은 노원이 6.4%이고 강북이 58.0%, 도봉이 33.6%에 달한다.[7] 그렇지만 이들은 모두 서울 지하철 4호선을 중심으로 인접하고 있어 유사한 생활권과 공동의 교통망을 갖고 있다.

여기에서는 이들 강북 3구가 놓여 있는 생활의 조건을 개략적으로 검토하되 비교 대상으로 강남 3구를 동일한 영역에서 함께 검토하기로 한다. 비교 대상이 있을 때 그 특성이 더욱 잘 드러날 수 있을 것이기 때문이다. 강남 3구는 서울 동남쪽에 상호 인접해 있는 세 개의 자치구인 강남, 서초, 송파를 각각 지칭한다. 이들 역시 강남구로부터 분구되어 나간 곳으로 비슷한 연혁과 생활 조건을 공유하고 있는 곳이다.

사실, 강북 3구와 강남 3구를 비교해 보는 것은 자칫 그 결론이 너

5　6월 4일 심포지엄에서도 거론된 것이지만 강북은 사실, 강남의 대타적 표상물이기도 하다. 강남이 존재하면서 강북 역시 강남과는 다른 의미를 갖게 되었다는 입장에서 강북 지역에 대한 아이덴티티 형성 과정 문제는 앞으로 연구해 볼 주제이기도 하다.

6　윤지관은 「강북지역의 상상과 인문학적 실천」(『인문과학연구』, 13집, 덕성여대 인문과학 연구소)에서 강북의 지역적 영역을 강북, 도봉, 노원으로 정리한 바 있다. 이 글도 기본적으로 그 관점을 존중하는 자리에서 출발한다.

7　각각 강북구청, 도봉구청, 노원구청 홈페이지 통계연보의 해당 항목을 참조.

무 자명한 것처럼 보일 수도 있고, 비교 결과가 서울 안에서의 지역감
정 조장에 편승하는 것으로 여겨질 수도 있어서 주저되는 바가 없지
않다. 상식적으로 보아도 그 결과란 누구나 예상할 수 있는 바이다. 강
남 3구는 국내 어느 지역에 비해서도 재정적 여건과 도시 인프라에서
가장 앞선 지역인 것이다. 강북에 비교되는 강남의 특성만이 도드라질
가능성 또한 배제하기 힘들다. 그러나 이런 대비를 통해 인문학적 관
점에서 강북은 어떠해야 할 것인가를 오히려 역으로 고민할 수 있는
지점도 있기에 강북의 비교 대상으로 강남을 활용하였다.

강북이 어떤 삶의 조건에 놓여있는가를 알아보기 위해 인구 구성과
서울 거주 기간, 주거형태, 교육 정도, 소득, 문화 및 여가 시설 등을
주요 항목으로 설정하고 살펴보기로 하겠다. 강남 3구 역시 같은 조건
을 놓고 살펴보았다. 우선 인구 구성을 검토한 결과이다(표 1~3 참조).

[표-1] 강북 3구의 인구 구성

구분	세대수	세대당인구(명)	65세이상인구(명)	인구(명)	인구밀도(명)	노령화지수(%)
강북	136,779	2.49	38,749	343,912	14,566	86.7
도봉	139,010	2.66	36,245	372,398	17,988	67.8
노원	225,000	2.71	54,756	615,161	17,360	54.6
평균	120,639	2.62	43,250	443,824	16,638	69.7

* 2009년 주민등록인구 기준이며 노령화지수만 2010년 1/4분기 기준임. 인구 기준은
이하 표에서도 동일함. 특별한 언급이 없는 한 통계의 모든 기준시점은 2009년임.
* 이하 모든 통계는 서울시청 통계 홈페이지 '서울통계(http://stst.seoul.go.kr)'에서 자료
채집하여 재구성함.
* 노령화지수의 산식은 65세이상 인구/14세이하 인구×100임.

[표-2] 강남 3구의 인구 구성

구분	세대수	세대당인구(명)	65세이상인구(명)	인구(명)	인구밀도(명)	노령화지수(%)
서초	166,405	2.56	34,046	431,131	9,172	53.7
강남	229,431	2.45	41,065	569,499	14,405	53.9
송파	260,681	2.61	50,067	689,296	20,347	48.0
평균	218,839	2.54	41,726	563,309	14,641	51.9

[표-3] 강북 3구와 강남 3구 평균인구 구성 비교

구분	세대수	세대당인구(명)	65세이상인구(명)	인구(명)	인구밀도(명)	노령화지수(%)
강북 평균	120,639	2.62	43,250	443,824	16,638	69.7
강남 평균	218,839	2.54	41,726	563,309	14,641	51.9

강북과 강남의 인구 구성을 비교해 보았을 때 각 지역 내에서도 서로 다르기는 하지만 대체로 강북에 비해 강남이 세대당 인구수도 적고 인구밀도도 적은 것으로 나타났다. 이는 심각하지는 않다고 하더라도 쾌적한 삶을 위한 기본 여건에서 강남이 다소 앞선다고 볼 수 있다. 그런데 정작 중요한 것은 노령화지수이다. 강북이 강남에 비해 노령화지수가 20% 가까이 높다는 것은 생각해 볼 문제이다. 그만큼 강북에 노령인구가 밀집되어 있다는 것을 의미하는 것이기 때문이다. 노령화지수가 높다는 것은 경제활동인구가 적다는 것으로 이해될 수 있으며 복지 혜택이 상대적으로 더 필요하다는 것을 시사하는 것이기도 하다. 같은 서울 안에서도 노령화 지수가 이런 정도로 차이가 난다는 것은

강남과 강북 지역의 당면한 현실이 서로 다르다는 것을 보여주는 징표라고 할 수 있다. 젊은 사람들이 많이 사는 강남과 상대적으로 나이 든 사람들이 많이 사는 강북으로 그 대비가 뚜렷하게 나타나는 것이다.

고령인구가 상대적으로 강북 지역에 밀집되어 있다고 했을 때, 그렇다면 서울 거주 기간, 그리고 서울을 고향으로 느끼는 정도와는 어떤 관련성이 있을 것인가 살펴보았다(표 4~6 참조). 고령 인구 비율이 강북이 높으므로 상대적으로 서울 거주 기간도 강북이 길 가능성이 있기 때문이다.

[표-4] 강북 3구의 서울고향의식과 거주기간(단위 : %)

구분	고향의식	서울거주기간	10년미만	10~19년	20~29년	30~39년	40~49년	50년이상
강북	84.6	30.25	2.9	18.2	26.4	26.2	17.4	8.9
도봉	76.2	29.34	3.3	18.7	28.8	25.6	16.1	7.6
노원	76.2	29.26	6.4	17.6	28.5	23.1	13.7	10.6
평균	79.0	29.62	4.20	18.17	27.90	24.97	15.73	9.03

[표-5] 강남 3구의 서울고향의식과 거주기간(단위 : %)

구분	고향의식	서울거주기간	10년미만	10~19년	20~29년	30~39년	40~49년	50년이상
서초	80.1	24.51	4.5	30.8	32.2	18.7	11.5	2.3
강남	82.9	26.79	5.6	23.5	32.1	20.8	10.7	7.4
송파	80.9	26.79	4.1	22.0	35.2	22.9	8.9	6.9
평균	81.30	26.03	4.73	25.43	33.17	20.80	10.37	5.53

[표-6] 강북 3구와 강남 3구 서울고향의식 및 거주기간 비교(단위 : %)

구분	고향의식	서울거주기간	10년미만	10~19년	20~29년	30~39년	40~49년	50년이상
강북 평균	79.0	29.62	4.20	18.17	27.90	24.97	15.73	9.03
강남 평균	81.30	26.03	4.73	25.43	33.17	20.80	10.37	5.53

　강북과 강남을 평균적으로 비교했을 때 서울 거주기간은 강북이 약 3년 6개월 정도 길게 나타나고 있다. 이것이 고령 인구 비율이 높은 것과 상관관계가 있는 것인지는 쉽게 예단하기 힘들다. 그런데 서울을 고향으로 생각한다는 고향의식은 강남이 오히려 근소하지만 높다는 것을 알 수 있다. 고향 의식이란 범박하게 보았을 때 자기가 살아가는 지역에 대한 소속감과 밀착감이라고 할 수 있다. 강북 지역이 강남에 비해 고향의식이 낮다는 것은 그만큼 지역 소속감이 떨어지는 것으로 해석된다.

　그런데 세부적으로 살펴보면 강북 지역 가운데에서도 강북구는 서울 거주기간이 강남 3구를 합쳐도 가장 길며 고향 의식도 가장 높게 나타난다. 노령화지수 역시 다른 구보다 강북구가 20% 이상 높다. 참고로 강북은 아파트 비율 또한 23.6%로 다른 자치구보다 현저하게 낮은 것으로 조사되었다. 강북구는 전통적 삶의 방식이 강하게 유지되는 곳으로 볼 수 있을 듯하다. 서울 거주 기간이 길고 노인 인구도 가장 많고 서울을 고향으로 생각하는 의식 역시 매우 강한 곳이 강북구인 것이다. 이후에 살펴보겠지만 강북구는 4년제 대졸자 비율도 가장 낮고 소득도 다른 구보다 낮은 것으로 나타났는데 강북 지역 가운데에서도 강북구는 여러모로 앞으로 유의해서 볼 지역임을 시사하는 것이라 하겠다.

강북구에 비해 상대적으로 노원과 도봉 지역이 고향 의식이 더 낮은데 강북구를 제외하고 이 두 구를 강남 3구와 비교했을 때 그 차이는 더욱 벌어지는 것으로 나타난다. 즉, 이 두 지역은 거주 기간이 강남 3구에 비해 길면서도 고향의식은 5~6% 정도 낮게 나타나고 있는 것이다. 강북구를 제외하고 도봉과 노원구의 주민들은 서울에 대한 소속감이 강남에 비해 많이 낮다고 할 수 있다. 표면적으로만 보자면 이 지역의 주민들이 서울 거주 기간은 비록 길더라도 생활 만족도는 낮은 것은 아닌가 하는 해석도 가능하다.

강북 지역 전체로 보았을 때 30년 이상 거주한 비율이 50%를 넘는데 비해 강남 지역은 거주 기간 30년 미만인 비율이 50%를 넘고 있다. 장기 거주 비율이 강북이 높은 것이다. 서울을 고향으로 인식하는 비율을 긍정적인 측면으로 보자면 강남 주민들은 강북에 비해 거주 기간이 짧더라도 서울에 산다는 자부심이 강하고 그것을 자랑스럽게 생각하는 비율이 높다고 해석할 수 있다. 왜 이런 문제가 발생하는가에 대해서는 성급하게 결론 내릴 일은 아니다. 앞으로 심층적인 연구가 필요한 대목이다.

다만 그런 문제가 강남과 강북에 사는 주민들의 교육과 주거, 소득과 연결되는가, 만약 두 지역 사이에 교육과 소득 면에서 의미 있는 차이가 있다면 그런 차이를 생활 만족도와 연결시켜 고려할 수 있을 것인가는 세밀하게 따져보아야 한다. 나아가 이것을 주민들의 고향 의식과 결부시켜 생각해 볼 필요도 있다. 그런 면에서 강북과 강남의 주거,

교육, 소득 현황을 비교해 보았다(표 7~9 참조).

[표-7] 강북 3구의 주거, 교육, 소득 현황

구분	4년제 대졸자 비율(%)	월평균 세대소득(만원)	월5백만원이상 고소득가구비율(%)	자가비율(%)	전세비율(%)
강북	11.4	278.5	7.3	46.6	32.5
도봉	15.7	290.8	12.3	60.1	26.3
노원	18.1	297.8	16.4	56.3	25.5
평균	15.1	289.0	12.0	54.3	28.1

* 주거 및 4년제 대졸자 비율은 2005년 기준임. 이하 표에서도 동일함.
* 월평균 가구별 소득은 2008년 기준임. 이하 표에서도 동일함.

[표-8] 강남 3구의 주거, 교육, 소득 현황

구분	4년제 대졸자 비율(%)	월평균 세대소득(만원)	월5백만원이상 고소득가구비율(%)	자가비율(%)	전세비율(%)
서초	28.0	479.8	38.1	46.2	33.3
강남	29.0	453.6	35.9	37.4	33.3
송파	22.0	376.2	23.4	42.3	38.1
평균	26.3	436.5	32.5	42.0	34.9

[표-9] 강남 3구와 강북 3구의 교육, 주거, 소득현황 비교

구분	4년제 대졸자 비율(%)	월평균 세대소득(만원)	월5백만원이상 고소득가구비율(%)	자가비율(%)	전세비율(%)
강북 평균	15.1	289.0	12.0	54.3	28.1
강남 평균	26.3	436.5	32.5	42.0	34.9

　교육과 주거, 소득 등의 면에서 강북과 강남은 현격하게 차이가 나는 것으로 나타났다. 강북은 강남에 비해 주거를 제외하고는 모든 영역에서 낮은 수치를 기록하고 있다. 주거 역시 강남의 주택가격을 감안한다면 형편이 나은 것이라고 말하기는 힘들다. 그렇지만 정주성의 측면에서 강북은 강남에 비해 높다고 할 수 있다. 자가 비율이 전세 비율을 훨씬 상회할 뿐만 아니라 50%를 넘고 있기 때문이다.

　고학력자와 고소득자가 상대적으로 강남에 많이 거주하고 있다는 사실은 명확히 드러난다. 그런데 이런 사실과 주민들의 고향의식이 어떤 상관관계가 있는 것인지는 섣불리 단정하기 힘들다. 강북구의 예에서도 보듯이 여러 변수가 작용하고 있기 때문이다. 서울에 대한 시민들의 고향의식 문제는 보다 종합적인 고찰이 필요한 과제로 보인다.

　그와 별도로 이런 비교가 강북만의 특성을 살펴보는 데에는 그렇게 의미 있는 것으로 보이지는 않는다. 유감스럽지만 이것이 강남 3구에 비교되는 강북만의 특성으로 볼 수는 없겠기 때문이다. 다시 말해 이런 결과는 강북이 아닌 다른 지역, 예컨대 강서 지역과 비교해도 비슷한 결과를 드러낼 것으로 예견된다. 요컨대 이런 비교 수치는 강남에 그만큼 고학력 고소득자가 집중해서 거주한다는 의미로는 해석할 수 있어도 강남과 비교되는 강북만의 특성으로 해석될 여지는 적다는 것이다. 그런 점에서 주거와 소득, 교육의 문제에 한해서 말한다면 오히려 특징적으로 보이는 것은 강북이라기보다 강남에 있다고 해석하는 편이 올바른 판단일 것이다.

　그렇기는 하더라도 다른 여건, 즉 생활 편의 시설이라고 할 수 있는 문화 시설이나 공공 체육 시설의 현황도 강북과 강남이 어떤 차이를 보이는지 살펴 볼 필요가 있다(표 10~14 참조).

[표-10] 강북 3구의 문화시설 현황

구분	공연시설	전시시설	문화복지시설	문화전수시설	공공체육시설
강북	7	0	11	1	66
도봉	4	2	10	1	77
노원	18	3	14	1	219
계	29	5	35	3	362

* 공연시설에는 영화관이 포함된 수치임. 이하 표에서도 동일함.
* 문화시설현황은 2009년 서울시통계연보를 서울통계 홈페이지에서
참조하여 재정리한 것임.

[표-11] 강남 3구의 문화시설 현황

구분	공연시설	전시시설	문화복지시설	문화전수시설	공공체육시설
서초	29	8	10	1	194
강남	72	10	13	3	277
송파	12	5	14	2	139
계	113	23	37	6	610

[표-12] 강북 3구의 공공도서관 현황

구분	국공립 도서관	대학도서관	특수전문도서관	계
강북	3	4	2	9
도봉	3	1	0	4
노원	4	7	6	17
계	10	12	8	30

* 공공도서관 현황은 서울통계 홈페이지에서 각 구별 현황을 조사하여 재구성한 것임.

[표-13] 강남 3구의 공공도서관 현황

구분	국공립 도서관	대학도서관	특수전문도서관	계
서초	4	5	35	44
강남	10	1	33	44
송파	2	2	6	10
계	16	8	74	98

[표-14] 강북 3구와 강남 3구의 문화 시설 현황 비교

구분	공연시설	전시시설	문화복지시설	공공도서관	공공체육시설
강북 총계	29	5	35	30	362
강남 총계	113	23	37	98	610

* 문화전수시설은 비교의 의미가 없다고 판단하여 제외하였음.

강북과 강남은 문화시설의 측면에서도 현격한 차이가 있는 것으로 나타났다. 물론 강남은 서울 도심의 주요 기능을 담당하는 지역이라는 점을 감안하고 살펴보아야 한다. 즉 강남은 강북의 종로와 함께 한국을 대표하는 도심 기능을 하고 있다. 도심에는 상업과 행정, 교통, 경제, 문화의 거점이 위치하게 마련이다. 따라서 접근성이 중요할 수밖에 없는 국가의 대표적인 분화 시설이나 전문 시설이 위치하는 것은 당연한 일이다. 그렇게 보았을 때 영화관을 포함한 공연시설이나 전시시설의 강남권 배치는 이해할 수 있는 일이다. 다만 이곳에서 주목해 볼 것은 문화시설의 대표격이라 할 수 있는 국공립 도서관의 숫자가 강북 10개소와 강남 16개소로 차이가 난다는 점, 복지시설의 총량이 경제적으로 윤

택한 강남에 비해 강북 지역이 큰 차이가 없다는 점, 주민의 여가 활동에서 빼 놓을 수 없는 공공체육시설이 강남 610곳과 강북 362곳으로 현격한 차이를 보인다는 점이다. 그렇게 본다면 생활 여건 면에서 강북은 강남에 비해 뒤처져 있다고 평가할 수 있다. 요컨대 강남의 도심 기능을 고려하더라도 주민들의 생활 편의 시설은 강북이 더 좋다고 보기 힘들다는 것이다.

지금까지 살펴본 것을 토대로 말하자면 강북이 강남에 비해 생활 여건이 뒤처져 있다는 점은 부인하기 어렵다. 주민의 구성, 주거의 조건, 여가 시설 면에서 강북은 강남과 비교되는 바가 많다는 점을 이런 통계 수치를 통해 확인할 수 있다. 그런 가운데에서 강북구는 강북 지역의 다른 두 구나 강남 3구에 비해 다른 경향을 보인다는 점이 확인되었다. 어쨌건 이런 검토가 상대적으로 강남의 상대적 우위만을 확인하는 차원이거나 혹은 그만큼 강북이 뒤떨어져 있으니 위기의식을 가져야 하고 강북 나름의 발전 전략이 필요하다는 주장으로 이어져서는 곤란하다. 오히려 이런 차이를 전제하면서도 강북 지역을 놓고 무엇을 고민할 수 있을 것인가, 강북은 어떤 길을 가야 할 것인가, 강북을 대상으로 현실적 문제의식을 갖는 지역문화 연구는 어떤 방향이어야 할 것인가를 이 대목에서 다시 진지하게 고민해 보아야 하는 것이 중요한 일일 것이다.

4. 대안적 생활 문화의 모델로서 강북

그렇다면 이제 강북의 지역 연구는 어떠해야 할 것인가, 강북 연구는 어떤 방향을 지향할 때 의미 있는 것일까를 생각해 보지 않을 수 없다. 세속적 관점에 선다면 '우리도 강남처럼'이 쉽게 내릴 수 있는 결론일 뿐만 아니라 강북에 사는 많은 사람들의 열망을 대변할 것처럼 보인다. 강남 따라잡기를 위해서 강남을 모델로 한 지역문화 연구나 그런 연구를 토대로 지역 발전 전략을 구상해 볼 수도 있을 것이다. 그렇지 않다면 강남을 마치 강북과는 대립적인 관점에 놓고 강북만의 고유성을 찾아 강북의 정체성 운운하며 강남과는 다른 강북의 우수성을 발굴(?)하려는 강북 중심주의에 빠져들 수도 있겠다. 그렇지만 그것은 소지역주의의 다른 버전일 따름이고 '강남적 삶'에 대한 한없는 동경의 다양한 심리적 투사에 불과할 뿐이다.

아울러 강남에 비교해 강북이 뒤처졌다고 불평하는 것 또한 다분히 서울 중심적인 사고이기도 하다. 강북이 삶의 여건에서 강남에 비해 여러모로 뒤떨어져 있고 열악하다는 것은 부인하기 어렵지만 강북이 아닌 서울의 다른 지역이나 다른 지방의 소도시들과 비교해서 생각한다면 그것이 맞는 말인지 확신하기 어렵다. 강북에 비해서 훨씬 더 열악한 도시는 지방으로 가면 더욱 많기 때문이다.

그렇기 때문에 여기에서 필요한 것은 강남을 쫓아가자는 것도 아니고 다른 지방의 도시와 강북 지역을 비교하는 것도 아닌 조금 다른 시각을 갖는 일이다. 요컨대 다른 프레임이 필요한 것이다. 그것은 현재 삶의 여건 속에서 강북이 지닌 역사와 문화의 경험을 존중하면서 현재적 삶의 문제를 해결할 수 있는 대안적 전망을 모색해가는 것이다. 그것은 강남과 비교해서 나오는 것이 아니라 강남과는 질적으로 다른 삶의 비전을 탐구하고 다른 가치를 보여 줄 수 있는 모델을 제시할 때 가능한 것이다.

강북에 대한 인문학적 연구가 어떤 방향에서 이루어져야 할 것인가를 고민할 때에도 바로 이런 문제로부터 시작되어야 하지 않을까 싶다. 그것은 강북이 놓여 있는 조건을 생각할 때 그 의미가 더욱 깊다. 풍요로운 여건 속에서 새로운 삶을 말하는 것은 상대적으로 쉬울 수 있으나 그렇지 않기에 새로운 삶에 대한 절실함은 더 클 수 있는 것이다. 즉 강남처럼 모든 것이 갖추어져 있는 곳이 아니므로 오히려 대안적 삶에 대한 동경과 열망은 강할 수 있다.[8] 세속적 이익이 지향하는 것, 거기에 부응하는 개발 위주의 지향점이 다다르는 종착점과 그 현실성이라는 것에 대한 발본적인 검토는 오히려 강북 지역에서 더욱 필요한 것이다. 강북 지역이기에 오히려 당면한 현실의 문제를 공동체적 삶의 조건 속에서 냉정히 인식하고 대안을 모색하는 일도 의미를 갖는다. 그런 과정을 통해 어떤 삶과 어떤 공동체가 더욱 행복한 길인가도 드러날 수 있을 것이다. 강북 연구의 방향은 미세하더라도 그런 가능성을 찾아내고 그 가능성을 실천으로 전화시키는 지점을 전망해내는 일이어야 하지 않을까 한다.

그런데 반복되는 말이기는 하지만, 이때 간과해서는 안 되는 것이,

---

8 이른바 '소설 강남형성사'라고 할 수 있는 황석영의 『강남몽』(창비, 2010)을 보면 강남이 어떤 과정을 통해 형성되었고 현재 어떤 조건 속에 놓여 있는가를 단적으로 알 수 있게 해준다.

인문학 연구가 기존의 아카데미즘에 안주하는 것을 경계하는 일이다. 오늘날 인문학의 위기는 현실과의 건강한 긴장관계를 상실하면서 초래된 탓도 크다고 생각하는 입장에서 보면, 지역에 대한 인문학적 연구는 바로 그 지점에서 과거와 달라야 한다. 즉 생활이 이루어지는 삶의 직접적 대상을 인문학의 대상으로 하면서 현실과 새롭게 접합될 지점을 확보할 때에라야 의미 있는 지역 연구가 될 수 있는 것이다. 그렇다고 인문학 연구가 실천론 위주로만 가야한다는 것은 아니다. 인문학 연구의 대상으로서 지역은 여러 방향에서 탐색될 수 있을 터인데 다만 그럴 때에라도 문제의식의 결을 유지하는 것이 중요하다는 것을 강조하자는 것이다.

강북 지역에도 다양하지만 대안적 삶을 고민하는 소규모 시민 모임들이 활동하고 있는 것으로 안다.[9] 연구자들이 그런 모임들과 결합해서 문제의식을 함께 공유하고 현장에서는 실천하기 힘든 기초 연구를 통해 공동의 대안을 모색해 나가는 것이 불가능하지만은 않을 것이다. 예컨대 살아있는 지역의 역사와 생활사에 대한 연구, 유무형의 문화재 발굴 및 보존과 현재적 활용, 지역의 교육 문제에 대한 성찰, 주민의 계급적 구성과 복지의 문제, 주민들의 여가 생활 실태 조사나 문화욕구 조사, 강북 지역 재래시장의 형성과정과 상권의 변동, 개별 상점의 역사, 대형 할인 마트의 문제, 강북 지역의 인구 이동의 특성, 강북구 주민의 구성과 정주의식 등, 관심을 갖다 보면 여러 연구 과제가 도출될 수 있을 것이다. 물론 그렇다 하더라도 이런 개별 연구 과제는 우리

---

9 정보연, 「도봉구 시민운동의 역사와 가치」, 『인문과학연구』, 13집.

사회 전체, 나아가서는 지구적 삶의 문제와 연동되는 것이므로 지역의 문제로만 매몰되어 다뤄져서는 안 될 것이다. 그런 의미에서 지역을 화두로 하는 대안 담론, 혹은 저항 담론의 가능성은 그것대로 지속적으로 탐구되고 논의되어야 한다.[10]

결론적으로 생활과 일상에 대한 건강한 관심으로부터 대안적 삶에 대한 모색을 지역에서 찾아내고 그것의 현실성과 실천적 방법을 모색해가는 것이 오늘날 지역을 연구하는 인문학의 새로운 가능성이다. 아울러 그것은 전문화되고 분절된 특정 학문 분과가 아니라 전체를 사고할 줄 아는 인문학자들이 주도하는 학제간 연구로부터 더 큰 가능성을 얻는다. 지역문화 연구는 학제간 연구를 통해 빛을 발할 때가 많다. 더구나 경우에 따라서는 사회조사 및 통계학이나 도시설계분야 등 여타 학문 분과의 도움을 얻어야 연구의 내용이 더욱 현실성을 얻을 수 있는 경우도 있다. 강북이라는 지역은 서울의 특정한 생활의 공간을 밑바탕으로 해서 대안적 삶을 모색하고 새로운 생활공동체의 가능성을 실천적으로 열어갈 수 있는 대상이다. 강북이라는 지역, 강북 사람들의 삶과 생활에 대한 연구는 이제 그렇게 시작되어야 하지 않을까 한다.

10　강수돌 외, 「로컬리티, 글로컬리즘을 재사유하다」, 『로컬리티 인문학』 3집, 부산대학교 한국민족문화연구소, 2010, 참조.

도시 재생과 창작 공간의 역할
-수도권 창작 공간의 상생적 협력과 창작 공간의 전망

1. 들어가며

최근 전국 각 지역마다 레지던스 프로그램을 운영할 수 있는 창작 공간 조성 사업이 일종의 붐을 이루고 있다. 흔히 2세대 창작 공간이라고 일컬어지는 이곳들은 폐교 등을 활용한 초기 사례와 달리 지방자치단체 주도로 조성되면서 시설이나 운영 면에서 확실히 달라진 면모를 보이고 있다.[1] 게다가 수도권에 위치한 창작 공간 조성 사업이 성공 사례로 보고되자 다른 지방자치단체들도 이런 창작 공간 조성 사업에

---

[1] 백기영, 「복합 문화공간형 2세대 창작스튜디오」(<Weekly 예술경영> http://webzine. gokams.or.kr, 133호, 2011. 6. 30), 참조.

앞다퉈 달려들고 있는 형국이다. 일본이나 서구 유럽에서 창작 공간을 조성한 성공 사례들이 알려진 것도 그런 붐에 일조를 하고 있다.

그런데 창작 공간 조성 사업과 도시의 문화 발전 전략이 서로 무관할 수 없는 일이고 더구나 그것이 실제로 성공을 거두기 위해서는 정책적, 재정적 노력뿐만 아니라, 관련된 사람들의 특별히 준비된 역량이 요청된다. 그런 문제들에 대한 깊이 있는 검토가 뒤따르지 않고 일부 지역의 성공 사례만 쫓아 창작 공간 조성에 나서는 몇몇 자치단체의 움직임을 마냥 긍정적으로 바라보기 어려운 것도 그래서이다.[2]

이 글은 저간의 사정을 감안하면서 외국에서 진행된 창작 공간 조성 사업의 배경을 간략히 검토한 이후, 서울, 경기, 인천에 조성되어 있는 창작 공간의 운영 현황을 살펴보고 각각의 특성을 비교 분석한 것이다. 개별 창작 공간 내부의 세부적인 문제까지 다루려는 것은 아니고, 수도권 창작 공간의 문제를 거시적 차원에서 비교 검토함으로써 그것의 주요한 문제점과 협력적 대안을 제시하는 데에 이 글의 목적이 있다. 이런 검토를 통해서 이 세 지역의 창작 공간이 더욱 활성화되고, 그 결과 지역의 문화적 역량이 보다 넓어지고 깊어지는 계기가 되었으면 한다. 아울러 최근 여러 지역에서 진행되고 있는 창작 공간 조성 사업에도 작은 보탬이 될 수 있기를 기대한다.

---

2 예술경영지원센터가 발간하는 웹진 <Weekly 예술경영>(http://webzine.gokams.or.kr)에는 133호부터 135호까지 '공공기관 창작 공간의 현황과 운영'이라는 이름의 특집 연재 기고문과 전문가 좌담이 게재되어 있다. 이 특집을 통해 국내 창작 공간의 현황과 과제가 다양하게 제기되어 있다. 본고 역시 이 특집에서 시사받은 바가 많다.

2. 창작 공간이란 무엇인가 – 도시 재생과 창작 공간

창작 공간은 말 그대로 예술가들이 창작 활동에 필요한 공간을 지칭하는 용어이다. 문인들에게는 집필실이 될 터이고 시각 예술에 종사하는 사람들에게는 스튜디오, 공연 예술가들에게는 연습실이 그런 기능을 하는 공간이다. 그런데 최근 문화정책 영역에서 언급되는 '창작 공간'이라는 말에는 그런 단순한 개념 이외에 예술가들을 대상으로 레지던스 프로그램을 운영하는 공공 공간이라는 의미가 더해졌다. 레지던스 프로그램은 범박하게 말해 예술가들이 일정한 기간 동안 그 공간에 머물면서 창작활동을 할 수 있도록 지원하는 제도를 가리킨다. 기간은 1개월 이내의 단기에서 길게는 1년 이상의 장기 레지던스 프로그램도 있다. 이런 레지던스 프로그램을 운영하기 위해서는, 특히 그것이 한 사람의 예술가가 아니라 여러 예술가들을 대상으로 할 때에는 말 그대로 작업실 이외의 각종 편의시설도 필요하고 여타의 지원 기능을 필요로 하게 된다. 결국 어느 정도의 규모를 요구하는 것이 창작 공간이 되는 것이다.

창작 공간이 지방자치단체나 중앙정부의 관심을 끌게 된 직접적인 계기는 해외의 성공 사례가 알려지면서부터이다. 예술창작 기능을 갖춘 공간을 새로 건립하는 것이 아니라 기존 건물을 적절하게 리모델링하여 예술 창작 공간으로 전환한 해외 사례가 도시 재생 사업과 결부되면서 주목을 받게 된 것이다. 요컨대 기존의 건물 가운데에 더 이상 활용되지 못하고 방치된 건물들을 창작 공간으로 활용한다면 건물을 재활용하는 경제적 효과도 누릴 뿐만 아니라 문화예술을 활성화시키고 지원한다는 이중의 효과를 거둘 수 있다는 것을 인식했던 것이다. 게다가 예술인들이 모여듦으로써 쇠퇴한 지역이 다시 활성화될 수 있고 그 지역에 사는 시민들도 여러 문화적, 경제적 혜택을 얻을 수 있다는 기대심리도 크게 작용한 바가 컸다. 도시 재생의 유력한 수단으로 창작 공간 조성 사업이 부각된 데에는 이런 배경이 작용한 것으로 보인다. 즉, 창작 공간 조성과 운영은 일본이나 유럽 쪽에 선행 사례가 있었고 그런 사례들이 2000년대 들어와 본격적으로 소개되면서 국내에서 각광을 받게 된 것이다.

예컨대 일본의 교토 아트센터, 요코하마의 아카렌가, 가나자와의 시민예술촌, 중국 북경의 따산즈(798)지구, 심천의 OCAT, 영국 런던의 테이트모던 미술관, 스페이스 스튜디오, 버밍햄의 커스터드 팩토리, 리버풀의 알버트독, 스페인의 구겐하임 미술관 등이 그것들이다. 이들이 모두 창작 공간은 아니지만 도시의 유휴공간이나 용도 폐기된 시설을 문화예술로 재활용한 공간인 것은 사실이다. 그런데 이런 사례, 특히 유럽의 사례들은 대부분 도시 재생 사업의 일환으로 추진된 것들이다. 즉 퇴락한 도시 공간을 재생시키는 사업의 일환으로 기존 건물의 재활용을 고민하면서 예술가들의 창작 공간이나 문화시설로 고안된 사례들인 것이다. 유럽의 경우 제조업의 해외 이전에 따른 산업 유휴 시설의 등장, 재정 압박에 따른 재개발의 어려움이 그런 창작 공산의 조성이나 재활용을 본격적으로 추진하는 데에 한몫했다.

사실, 문화와 예술을 활용한 도시 재생 정책은 1970년대 미국에서 시작되어 1980년대 서구 유럽에 전파된 것이라고 한다. 서구 유럽의 공업도시들은 급속한 도시화와 산업화로 인해 도시 환경의 피폐화와

1970년대의 심각한 경제적 침체로 도시의 존재 가치에 치명적인 손상을 가져왔으며, 이에 대한 정책적 대안으로 1980년대부터 문화와 예술의 적극적인 활용을 통해 도시를 전반적으로 활성화시키는 전략을 실행하고 있다.3 특히 영국의 도시 재생 정책은 1980년대 대처정부 시절 제조업 중심의 성장 모델이 벽에 부딪치고 국가 재정이 바닥을 보이면서 등장한 대안이다.4 텅 빈 공장들, 건물들이 도시의 슬럼으로 황폐화되어 가고 이것들을 재개발하기도 힘에 부치게 되었을 때 예술가들이 이런 건물에 들어가, 버려진 공간을 작업장으로 활용하면서 새로운 활력을 얻게 된 것이 문화를 활용한 도시 재생의 단초가 된 것이라고 할 수 있다. 창작 공간을 도시 재생 사업의 일환으로 추진한 것은 그런 배경 가운데에서 자연스럽게 채택된 것이었다. 일본 역시 이런 서구의 사례를 참조해서 도시 재개발을 하는 과정에 과거의 건물을 활용하는 전략을 구사하였다.

그런데 여기에서 간과해서는 안 될 것은 과거의 건물을 활용한다는 것이 단순히 경제적 효과만을 목적으로 한 것은 아니라는 점이다. 그것은 도시 공간에 대한 역사적 보존이나 장소성을 존중한다는 문화적 의미도 있는 것이기 때문이다. 이런 장소성에 대한 보존은 영국을 비롯한 유럽에서도 강조되지만 특히 일본으로 오면 그 추세가 더욱 강화되는 것처럼 보인다. 유럽은 재개발이 진행된다고 하더라도 보존되는 도시 공간이 워낙 많기 때문에 보존의 상대적 가치는 낮을 수 있지만

---

3 서준교, 「무화도시전략을 통한 도시재생의 순환체계 확립에 관한 연구 : Glasgow의 문화도시전략을 중심으로」, 『한국거버넌스학회보』, 제13권, 1호(2006. 4), 198면.
4 신혜란, 「영국 도시재생의 경험」, 희망제작소 부설 도시공간연구소 세미나 자료집, 2009. 4.

급격한 역사적 변화를 겪은 아시아의 도시들은 급속한 개발로 도시의 역사를 보존할 필요성이 상대적으로 더 높아지기 때문에 옛 건물의 보존과 활용이 더욱 각광을 받게 되었다는 해석이 가능하다. 물론 무조건 보존하자는 것은 아니고 장소성에 대한 평가, 문화적 가치에 대한 공공적 평가가 동반됨으로써 보존에 대한 사회적 공감대가 형성되는 것을 전제로 해야

[사진-1] 영국 커스터드 팩토리 전경

가능한 일이다.

우리나라에도 서구 유럽이나 일본의 사례가 알려지면서 도시 재생 사업의 일환으로 창작 공간을 조성하거나, 도시 재생 사업이 아니라고 하더라도 기능이 다한 기존의 건물을 리모델링해서 창작 공간으로 조성하는 사례가 생겨났고 그런 성과가 구체적으로 나타나고 있는 곳이

서울, 경기, 인천에 집중되어 있다.

3. 수도권 창작 공간의 현황과 특성

3.1 서울의 사례 – 서울시 창작 공간

창작 공간이 가장 다양하게 활성화되어 있는 곳은 서울이다. 서울문화재단이 서울시로부터 위탁받아 이런 창작 공간을 일괄 운영하고 있다. 서울시가 조성한 창작 공간의 공식 명칭인 '서울시 창작 공간'은 2011년 9월 현재 도시 전역에 걸쳐 모두 8곳에 조성되어있다. 기능이나 주요 해당 장르도 다양해서 시각예술과 문학, 공연, 예술치유, 생태예술 등 여러 종류를 포괄하고 있다. 이들은 모두 과거에 다른 기능을 했던 공간을 리모델링을 통해 창작 공간으로 재활용하고 있다. 서울시 창작 공간의 현황과 개요를 표로 정리하면 다음과 같다.

[표-1] 서울시 창작 공간 조성 현황

공간 명칭	현황	개관	기존시설형태	조성방향
서교예술 실험센터	연면적 : 약 552㎡ 규모 : 지하 1층, 지상 2층 위치 : 마포구 서교동 369-8	2009년 6월	서교동사무소	홍대 앞 문화자원 연계 / 기획활동 지원 서비스 공간
금천 예술공장	연면적 : 3,070㎡ 규모 : 지하 1층, 지상 3층, 창고 위치 : 금천구 독산동 333-7	2009년 10월	인쇄공장	국제레지던시 스튜디오 / 프로젝트 스튜디오
신당창작 아케이드	연면적 : 약 1,240㎡ 규모 : 지하상가 점포 40개 위치 : 중구 황학동 119	2009년 10월	중앙시장 지하상가	저비용 장기임대용 공예공방

연희 문학창작촌	연면적 : 약 1,480㎡ 규모 : 지하 1층, 지상 1층 4개동, 산책로, 야외데크 위치 : 서대문구 연희동 203-1	2009년 11월	서울시 시사 편찬위원회	도심의 전원형 문학 창작촌
문래 예술공장	연면적 : 2,832㎡ 규모 : 지하 1층, 지상 4층 위치 : 영등포구 문래동 1가 30	2010년 1월	철공소	문래창작촌 및 국내 외 예술가 지원 창작 센터
성북예술 창작센터	연면적 : 1,997㎡ 규모 : 지하 1층, 지상 4층 위치 : 성북구 종암동 28-358	2010년 7월	성북구 보건소	예술 치유 및 주민 창작 센터
관악어린이 창작놀이터	연면적 : 377㎡ 규모 : 지하 1층, 지상 2층 위치 : 관악구 봉천동 936-4	2010년 10월	은천동 주민센터	어린이 대상 문화예술체험센터
홍은예술 창작센터	연면적 : 2,040㎡ 규모 : 지하 1층, 지상 2층 위치 : 서대문구 홍은동 304-1	2010년 11월	서부도로교통 사업소	친환경 중심의 예술 창작 센터

서울시 창작 공간의 특성은 스스로 밝힌 조성 철학과 운영 방식에서도 잘 드러나고 있다. 서울시와 서울문화재단이 공표하고 있는 서울시 창작 공간 조성 철학과 운영 방식은 "첫째, 서울시 창작 공간은 '창작－소통－향유'가 동시에 가능한 미래형 문화공간으로, 시각예술을 비롯해 문학, 인문, 공연 등 다양한 장르 간 상호 통섭과 지역민들과의 소통을 주요 미션으로 삼는다. 둘째, 예술과 산업의 만남을 추구하고, 지역문화 공동체 강화를 도모하여 창의적 도시 재생과 도시 경쟁력 강화를 목표로 한다. 셋째, 서울시 창작 공간은 소규모 다분포 형태로, 서울시내 곳곳에 모세혈관처럼 뿌리를 내리는 '지역 거점형' 복합문화공간이다. 이는 특정 지역에 대규모 단지를 조성하는 것과 성격을 달리하는 서울시 창작 공간만의 특징이다"로 정리되어 있다. 이런 조성철학을 통해 정리할 수 있는 서울시 창작 공간의 키워드는 '장르적 다

양성, 소통, 창의적 도시 재생, 지역 거점형 소규모 다분포' 정도로 요약될 수 있다. 서울시만의 공간 조성 방향은 이로써 조금 더 명확하게 드러난다.

서울시 창작 공간은 이런 조성 철학 아래에 다양한 프로그램을 진행하고 있다. 서교예술실험센터는 공모사업을 통해 다원예술, 실험 예술을 기반으로 하는 입주단체를 선정하고 프로그램 진행을 지원하는 한편, 홍대 지역 축제 지원 사업을 진행한다. 이외에 주민들을 대상으로 하는 서교 음악 살롱, 아카이브 룸과 예술다방 등을 운영하고 있다. 금천예술공장은 국내외 작가들을 대상으로 레지던시 프로그램을 주로 운영하고 있다. 시각예술과 공연－실험예술, 미학 및 예술분야 연구자 입주를 받고 있으며 이외에 해외 교류전시, 심포지엄, 워크숍, 공공예술 프로젝트 진행, 커뮤니티 아트프로그램 운영을 진행하고 있는데 입주 작가들과 연계한 프로그램이 주를 이룬다. 신당 창작아케이드는 공예 분야의 예술가 레지던시 프로그램을 주로 운영하면서 체험 공방, 아트마켓, 공공미술 프로젝트를 진행한다. 이 역시 입주 작가와 연계한 프로그램들이다. 연희문학창작촌은 문인들의 레지던시 프로그램을 주축으로 하고 그 외에 연희 목요 낭독극장, 연희 문학 학교, 미래문학 IN (대학문학동아리 지원 프로그램)을 운영한다. 입주 문인들과 연계된 프로그램을 바탕으로 하면서 다른 문인들의 참여도 유도하고 있다. 문래예술공장은 예술가 인큐베이팅과 프로모션 프로그램이 주를 이룬다. 주변의 자생적 예술가 창작촌과 연계를 강화하기 위한 의도가 크다고 할 수 있다. 주요 프로그램으로는 창작활성화 공간지원 프로그램, 예술가 인큐베이팅 프로그램, 국제 교류 프로그램, 예술가 교육 및 시민 예술

체험 프로그램이 운영중이다. 성북예술창작센터는 예술치유를 중심으로 공간이 운영되고 있다. 예술치료 관련 단체의 레지던시 프로그램을 운영하는 한편으로 이들이 예술치유 프로그램을 운영할 수 있도록 지원하고 있다. 관악어린이 창작 놀이터는 어린이 창의력 개발을 위한 다양한 체험 프로그램을 운영하고 있고 홍은 예술창작센터는 국내외 생태지향적 예술가 단체 및 관련 사회적 기업에 대한 창작활동 공간 지원, 친환경 생태예술 창작형 프로그램 개발을 특성화 전략으로 삼아 운영하고 있다.

서울시로부터 창작 공간을 위탁 받아 운영하고 있는 서울문화재단은 이곳의 효율적 운영을 위해 재단 내에 창작 공간 추진단을 구성하여 운영하고 있는데 재단 본부에 총괄지원팀을 두고 개별 창작 공간을 지원하고 있으며, 창작 공간을 조성하기 위한 사전 조사 및 연구, 전략 개발 등의 사업도 서울시와 함께 진행하고 있다.

서울은 대한민국의 수도로 문화적 역량과 자원이 상대적으로 다른 도시에 비해 풍성하고 예술가들의 요구나 수요도 많은 편이다. 따라서 특정 지역에 대단위 단지를 개발하는 방식의 창작 공간 조성이 아니라, 주요 거점 별로 다양한 시설을 활용하여 창작 공간을 운영하더라도 충분히 공간을 활용할 수 있는 역량이 된다. 많은 예술가들이 서울에서 살아가고 예술 관련 대학 등 자원이 풍부할 뿐만 아니라 인구 밀도도 높다. 어느 지역에 창작 공간을 만든다고 하더라도, 또 여러 곳에 분산해서 공간을 조성해도 운영에 큰 어려움이 없는 것이다. 그만큼 서울시 창작 공간은 도시의 여건을 감안하고 문화적 수요와 요구를 반영한 결과라고 할 수 있다. 다른 중소 규모의 도시라면 추진하기 어려운 사업이지만 서울이 갖는 자원을 충분히 활용하여 도시의 여러 곳에 다양한 형태의 창작 공간을 조성하여 주민과 예술가의 수요에 능동적으로 부응하려는 의지가 투영된 결과일 것이다.

3.2 경기의 사례 – 경기 창작 센터

경기도가 경기문화재단에 관리권을 이양하고 재단 산하 경기도미술관이 운영하고 있는 경기 창작 센터는 대규모 시설을 갖추고 있다는 점이 특징이다. 서울시 창작 공간이 시설 별로 대략 3,000㎡ 이내의 비교적 중소규모 공간인데 비해 경기 창작 센터는 단일한 하나의 큰 부지 안에 여러 시설들이 집적되어 있는 것이다. 먼저 경기 창작 센터의 개요를 간략히 정리하기로 한다.

2009년 10월 개관한 경기 창작 센터는 레지던스 프로그램과 지원시설을 기반으로 한 창작 공간이다. 위치는 경기도 안산시 선감동에 있으며 시화방조제를 통해 육지와 연결되어 있다. 부지면적은 54,545㎡, 건물 면적은 16,225㎡로 건물 7개동으로 구성되어 있다. 현재 1단계 리모델링이 완료되었는데 7개동 중 3개동이 우선 리모델링되어 스튜디오와 강의실, 사무실 등이 위치한 중앙동, 숙소와 통합형 스튜디오가 구비된 숙소동, 작품 창고와 분리형 스튜디오가 설치된 작품 창고동이 운영중이다. 강당 기능의 다목적 홀과 공방동, 전시동, 기숙사동은 리모델링이 계획되어 있으며 아직 공사가 시작되고 있지 않다.

1단계 완료된 3개동의 주요 시설로는 작품 창고, 강의실, 전시실, 자료실, 게스트룸과 라운지, 화장실, 공동주방, 세탁실, 강당, 주차장, 통합형 스튜디오 24실, 분리형 스튜디오 4실 등이 들어서 있다. 이곳은 원래 경기도립직업전문학교였던 곳을 리모델링하여 창작 공간으로 개조한 것이고 경기문화재단이 경기도로부터 관리 운영권을 이양받아 경기 창작 센터라는 이름으로 개관하였다. 센터를 운영하는 조직으로 학예팀과 행정지원팀이 있으며 운영비와 사업비 전액을 경기도로부터 지원받고 있다.

[사진-2] 경기 창작 센터 전경

경기 창작 센터도 주요 프로그램은 예술가를 위한 창작 레지던시와, 큐레이터 및 이론가를 위한 연구 레지던시로 구성되어 있다 레지던시를 기반으로 공간을 운영하며 이런 레지던시를 지원하기 위한 기본적 인프라를 갖추고 있는 것이 특징이다. 경기 창작 센터는 도심과 떨어진 전원에 위치하고 있으므로 작가들이 기본적으로 숙식을 할 수 있는 여건을 갖추고 있다. 오랜 기간 집중적으로 창작에 몰두하기 좋은 여건을 갖추고 있다는 점에서 레지던시 프로그램을 진행하기에 적절한 위치와 공간이라고 평가받을 만 하다. 레지던시 프로그램 이외에 전시 프로그램으로는 오픈 스튜디오전, 오픈 창고전, 연례 기획전, 아카이브전, 소장품 상설전이 운영되고 있다. 지역 협력 프로그램도 진행되고 있는데 이는 경기도 일대의 지역적 이슈를 예술적 시각으로 재해석함으로써 지역성을 현대화, 세계화시키는 데 기여하려는 목적에서 기획되고 있다고 한다. 국제 교류 프로그램이라는 이름으로 세계 유사 기관들과 작가 교류, 전시 교류를 모색하고, 교육 프로그램으로 지역 주민, 어린이, 청소년을 위한 커뮤니티 프로그램, 국제 썸머 스쿨, 기관이나 단체의 연수 프로그램도 진행한다. 경기 창작 센터는 2단계 리모델링이 끝나면 시각 예술 이외의 공연, 문학 장르로 외연도 확장하고 교육이나 연수 프로그램을 더욱 적극적으로 추진해 나갈 계획을 갖고 있다. 경기 창작 센터의 하드웨어적 인프라나 규모를 참작해 볼 때 그런 프로그램을 기획하여 진행하는 데에 차별적인 경쟁력을 갖추고 있다고 할 수 있다.

경기 창작 센터만의 특징으로 작품 창고 프로그램은 주목할 만하다. 충분한 시설을 갖춘 하드웨어 인프라를 다양하게 활용하자는 측면에서 기획된 것으로 보이는데, 훼손되거나 망실되기 쉬운 작품, 보관이 어려운 특수 작품, 다양한 작업 방식과 설치 규모에 따른 전문적인 관리의 필요성이 요구되는 작품을 일정기간 동안 보관하고 관리해주는 프로그램으로 창작 센터의 유휴 공간을 지혜롭게 활용하면서 방문객이나 입주 작가에게 작품을 관람시키는 효과를 거둘 수 있는 것으로 보인다.

경기도는 서울과 다르게 지역이 넓고 도시와 농촌 지역이 다양하게 분포되어 있는 곳이다. 경기도가 갖고 있는 유휴 시설을 활용하여 예술가들이 집중적으로 작업할 수 있는 대규모의 전문 창작 공간을 조성하여 운영하고 있는 것은 경기도 차원에서 보았을 때 충분히 의미 있는 일이라고 할 수 있다.

3.3 인천의 사례 – 인천아트플랫폼

인천광역시가 시설을 조성하여 운영을 인천문화재단에 위탁한 인천아트플랫폼은 2009년 9월 개관하였다. 서울, 경기와 다르게 인천아트플랫폼은 1883년 개항된 인천의 역사성을 바탕으로 개항장 일대 구도심 재생 사업의 일환으로 추진된 곳으로, 서울시 창작 공간이 개별 시설이고 경기 창작 센터가 일정하게 구획된 단지 안에 조성된 시설의 집적이라면 이곳은 도심 가로변의 두 블록을 그대로 살려 창작 공간으로 활용하고 있다. 정확한 위치는 인천시 중구 해안동 1가 10−1 지역의 33필지이며 부지 면적은 중앙 도로를 포함하여 8,453㎡이고 건축 연면적은 5,511.35㎡이다. 규모는 2개 단지 13개동, 지하 1층, 지상 4층이다.

인천아트플랫폼은 1933년 건축된 일본우선주식회사(日本郵船株式會社)를 비롯한 근대건축물을 문화적으로 활용하면서 일부 건물은 철거하고 필요한 경우 새로운 건물을 신축하여 개항장으로서의 장소성, 근대 건축물과 어울리는 경관이 만들어지도록 고려하였다. 인천아트플랫폼의 공간 계획에는 과거의 역사를 보존하면서도 그것을 구도심 재생 사업으로 연결시키려는 문제의식이 투영되어 있다. 창고를 개조해 다목적 공연장과 작가들의 스튜디오, 공방으로 만들고, 일본우선주식회사 건물은 자료실로 활용하는 한편, 또 다른 회사 건물이었던 동방운수주식회사는 교육 공간으로 기획하였다. 과거를 기억하되 오늘의 관점에서 그 기억과 식민의 상처를 넘어서는 탈식민적 공간 철학이 인천아트플랫폼에는 스며들어 있다.

[사진-3] 위에서 바라본 인천아트플랫폼

그런데 인천아트플랫폼의 공간 구성을 보면 흥미로운 점도 발견된다. 문화 시설이면서도 도시의 다른 일반적 건물들과 구별하기 위해 담을 쌓아 공간을 구획하여 단절시키지 않고 그들과 경계 없이 공존하고 있는 것이다. 구도심의 가로를 걷다 보면 자신도 모르게 자연스럽게 만나는 곳이 인천아트플랫폼이다. 구획된 영역 안으로 들어가야 하는, 단절된 시설로 인천아트플랫폼이 존재하는 것이 아니라 도시의 다른 상점들이나 가로의 연장선에 함께 존재하는 독특한 공간인 것이다.

인천아트플랫폼의 시설은 교육관, 전시실, 공연장, 자료관, 스튜디오(총 20개 실, 공동작업실 1개실, 공동 주방, 휴게실), 게스트하우스(총 9개 실, 공동 주방과 세탁실), 공방(총 3개실), 카페와 사무실이 위치한 커뮤니티 홀로 구성되어 있다. 인천아트플랫폼 역시 레지던시 프로그램을 주로 하여 시설이 운영되고 있다. 20개의 스튜디오와 3개의 공방을 입주 작가들에게 일정 기간 대여하는 것이다. 레지던시 프로그램을 바탕으로 국제교류 사업과 기획 전시, 플랫폼 페스티벌 같은 행사가 진행된다. 레지던스 참여 작가를 중심으로 하지만 지역 내외의 주요 작가들도 이곳에 참여한다.

이외에 인천이라는 지정학적 정체성을 바탕으로 평화미술 프로젝트를 진행하는 한편, 도심에 위치한 이점을 살려 플랫폼 창고 세일이라는 이름으로 작가들의 작품을 팔아 이웃을 돕는 프로그램도 진행한다. 어린이, 청소년 대상의 주말 체험학습프로그램과 방학 중에 진행되는 예술 캠프, 어린이 창작 스튜디오 사업 등도 진행될 예정으로 있다. 공연장에서는 '이얍(IAP)! 테마콘서트'와 '플랫폼 데이'라는 시민 대상 공연 프로그램도 주말마다 운영한다.

인천아트플랫폼은 구도심 재생 사업의 일환으로 진행된 것이므로 주민 참여 프로그램, 지역 활성화를 위한 다양한 문화 행사가 진행되고 있다는 특징이 있다. 문화와 예술을 활용하여 보다 많은 시민들이 인천아트플랫폼을 방문해 예술을 감상하고 직접 체험할 수 있는 프로그램 기획이 돋보인다고 할 수 있다.

한편, 아트플랫폼 바로 옆의 부지에 한국근대문학관이 들어설 예정으로 있다. 2012년 중에 공사가 착공되어 2013년 개관을 목표로 준비

중에 있다. 이 또한 구도심을 문화를 통해 적극적으로 활성화하자는 취지의 연장선 위에서 기획된 사업이다. 4개의 창고 건물을 리모델링 하여 근대문학관으로 활용하는 사업으로 시각 예술을 중심으로 하는 기존의 인천아트플랫폼과 상생적 효과가 기대된다.

4. 수도권 창작 공간의 비교와 네트워크 가능성

앞에서 서울, 경기, 인천의 창작 공간 조성 현황과 운영 형태를 살펴 보았다. 이들 세 자치단체의 창작 공간은 유사하면서도 차이점이 있다. 우선 개관시점과 장르, 주요 프로그램, 운영 기관의 성격 면에서 이들 은 닮아 있다.

이들 개관 시점을 보면 모두 2000년대 말에 집중되어있다. 대략 2009년부터 2010년 사이에 개관되고 있는 것을 알 수 있다(표-2 참조). 2000년대 말을 중심으로 수도권의 창작 공간이 집중적으로 개관되고 있다는 것은 우리나라 문화 정책의 흐름을 단적으로 나타내주는 표징 이라고 할 수 있다. 요컨대 1990년대와 2000년대 초 폐교 활용 등 창작 공간에 대한 다양한 시도가 크게 부각되지 못한 상황에서 이후 자치단 체가 주도하여 창작 공간을 집중적으로 조성하고 있음이 뚜렷하게 나 타나고 있는 것이다. 이는 창작 공간의 문화적 영향에 대한 기대 효과 가 정책 집행자들에게 설득력 있게 이해되고 있다는 것과 무관하지 않 다. 우리나라에 본격적으로 소개되기 시작한 창조도시론도 여기에 영항 을 미쳤을 것이고 유휴 공간에 대한 재활용의 경제적 효율성, 구도심의 퇴락을 새로운 형태의 복합문화시설을 통해 활성화시키자는 전략 등도 그런 정책 결정에 영향을 미쳤을 것이다. 창조도시론에 관련된 책들이 2000년대 중반에 집중적으로 번역 소개되고 국토연구원에서 발간하는 『월간 국토』는 2008년 8월호에 '창조도시론'을 특집으로 다루고 있다.[5] 창조도시가 정책 담론으로 주목받으면서 창작 공간도 더불어 재인식되는 것으로 판단된다.

한편 이들 창작 공간의 조성과 운영이 시각 예술 중심으로 촉발되었다는 것 역시 의미 있다. 서울시 창작 공간도, 현재는 다양한 장르를 포괄하고 있지만 애초 출발은 시각예술가들이 자발적으로 모여 형성된 창작촌이라고 할 수 있는 문래예술촌의 영향을 받은 것으로 알려져 있다. 그것이 문래예술공장이나 금천예술공장과 같은 창작 공간을 조성하는 결과로 나타났다는 점을 유의해야 한다. 또한 시각예술이라는 장르적 특수성이 이들 창작 공간이 만들어지는 데에 중요한 역할을 했음도 부인하기 어렵다. 문학이나 공연 예술과는 다르게 상당한 기간 동안 안정적으로 창작할 수 있는 스튜디오를 필요로 하는 시각 예술의 특수성과, 공공미술 프로젝트에서 이미 입증되었듯이 지역과 연계가 상대적으로 쉽다는 장르적 특성, 기본적으로 공간과 밀접한 연결을 갖고 있고 사람들에게 즉각적인 반응을 불러일으키는 시각 매체를 바탕으로 하는 시각 예술 자체의 생래적(生來的) 성격이 결합되어 만들어진 현상일 것이다.

그런데 이런 점은 한국 문화 정책의 흐름이 어떻게 창작 공간의 조

---

5   이에 대해서는 이현식, 「지역문화와 창조도시론」, 『한국민족문화』, 부산대 민족문화연구소, 35호, 2009를 참조할 것.

성으로 연결되어 표출되는 것인가에 대한 의미 있는 문제 제기를 한다. 그것은 이들 창작 공간이 안고 있는 공동의 문제점과도 연결된다. 즉 유사한 시기에 시각 예술에 바탕을 둔 창작 공간의 등장은 결국 자치단체 주도형의 유사한 프로그램을 운영하는 모델이 일반화될 가능성을 안고 있는 것이다. 요컨대 세 창작 공간들이 모두 운영 방식이나 프로그램 면에서 대부분 대동소이하다는 점인데, 공간의 조성은 자치단체가 하고 그 운영도 모두 자치단체가 출연한 문화재단에서 맡는다는 것을 마냥 긍정적으로 보기는 힘들다(표−2 참조). 안정적인 운영이라는 면에서 문화재단이 대안이 될 수밖에 없다는 것은 이해할 수 있지만 창작 공간의 다양성 확보에 걸림돌이 될 수도 있겠기 때문이다.

즉, 민간의 다양한 실험들이나 예술가의 자발적 연대에 의한 창작 공간의 운영 실험이 대형 창작 공간들로 인해 어려워질 수 있는 점을 경계해야 하는 것이다. 자치단체가 직접 창작 공간을 조성하는 것도 필요하겠지만 민간이나 예술인들이 주도적으로 소규모 창작 공간을 활발하게 만들어내고 그런 공간을 중심으로 공공의 영역에서는 하기 어려운 다양한 실험들이 훨씬 더 많이 이루어질 수 있도록 지원하는 것도 그에 못지않게 중요한 일 가운데 하나이다. 그런 민간의 동력을 살려나갈 수 있는 여건을 조성해 나가는 것은 문화예술의 건강한 생태계를 위해서도 중요한 일이다. 그렇지만 수도권의 자치단체가 모두 비슷하게 창작 공간 조성의 전면에 나서는 형국이므로 이런 추세가 전국적으로 확산되어 유사한 성격의 창작 공간이 난립되는 결과를 불러오게 될까 우려되는 것이다. 이것은 앞으로 공공의 문화 정책이 창작 공간과 관련해 어떤 지점에서 방향을 설정할 것인가와 관련해 의미 있는 시사점이 된다고 할 수 있다.

 그렇지만 한편, 다른 각도에서 살펴보면 이 세 곳의 창작 공간은 서로 차별되는 저마다의 특성을 갖고 있기도 하다. 서울시 창작 공간이 개별 시설 중심의 단일한 창작 공간을 지향하면서도 도시 여러 곳에 산재하여 다양한 예술가, 여러 지역의 시민들을 대상으로 하는 다양성을 지향하는 데에 반해, 경기 창작 센터는 도심과 떨어진 전원형 단지에서 예술가들이 집중적으로 창작에 임할 수 있는 여건을 충실하게 제공한다는 장점을 갖고 있다. 거기에 인천아트플랫폼은 개항장에 위치하여 지역의 역사 문화자원과 연결되어있으면서도 도심지 내의 단지형 창작 공간을 지향하고 있다는 특성이 있다. 인천아트플랫폼은 공간 조성 철학에서 이미 지역 사회와의 연계를 강하게 내포하면서 동시에 작가들의 창작 활동을 통해 구도심을 활성화하겠다는 전략을 담고 있다. 그런 점에서 도시 재생 전략이라는 관점에서만 평가한다면 인천아트플랫폼이 모범답안이라고 할 수 있다.

 그러나 서울시 창작 공간처럼 도시 여러 곳에 창작 공간을 조성함으로써 다양한 장르를 통해 시민과 예술가가 함께 할 수 있는 여건을 만들어내는 것 또한 어떻게 보면 문화적 공공성의 영역에서 볼 때 더 의미 있는 것으로 평가할 수도 있는 일이며, 경기 창작 센터의 경우처럼 전원형 창작 단지를 대규모로 운영하여 예술가가 집중적으로 창작 활동을 할 수 있게 지원하고 이곳을 찾는 시민들에게 더 밀도 있는 문화 체험을 하도록 만드는 것 역시 중요한 일이라고 할 수 있다.

 그런 점에서 수도권 창작 공간은 서로 다른 시설 여건과 입지, 성격 등을 잘 활용해서 협력 관계를 제대로 만들어간다면 상호 발전 가능성이 충분하다고 볼 수 있다. 세 기관 공동 워크숍이나 프로그램의 공유와 차별화, 즉 공간별로 차별화된 프로그램을 개발하면서도 기관의 특성을 살리는 공동 프로그램을 운영하는 것 같은 방식도 그런 차원에서 생각해 볼 수 있는 협력 방안이다. 유사한 기능과 서로 다른 특성을 충분히 살려 상생할 수 있는 방안은 얼마든지 있는 것이다.

[표-2] 수도권 창작 공간 현황 비교

구분	서울시 창작 공간	경기 창작 센터	인천아트플랫폼
개관	2009년 6월~ 2010년 11월	2009년 10월	2009년 9월
시설 유형	개별 창작 공간	단지형 창작 공간	단지형 창작 공간
조성 주체	서울특별시	경기도	인천광역시
조성 목적	컬처노믹스 – 유휴시설의 문화적 활용	유휴 공간의 문화적 재활용	구도심 재생 사업
위치	도심지 여러 곳	도심과 떨어진 전원	구도심
장르	장르적 다양성 확보	시각 예술 중심 → 장르 확대 계획	시각 예술 중심 → 장르 확대 계획
주요 프로그램	레지던시 및 교류, 주민 참여, 기획 행사	레지던시 및 교류, 주민 참여, 기획 행사	레지던시 및 교류, 주민 참여, 기획 행사
연면적	시설별 3,000㎡ 이내	16,225㎡	5,511㎡
운영 기관	서울문화재단	경기도미술관 (경기문화재단)	인천문화재단
운영 형태	위탁	운영권 이양	위탁
연간 총운영비	2010년 : 약 70억 2011년 : 약 68억	2010년 : 약 13억 2011년 : 약 13억	2010년 : 12억 2011년 : 10억

　다른 한편 이런 창작 공간들은 새로운 형태의 문화 전문가를 필요로 한다. 공연기획자나 큐레이터, 정책 전문가, 문화 행정가 등이 그간 문화 분야에서 활동해온 유형이라고 한다면 창작 공간은 조금 더 다양한 영역의 전문성을 요구하는 멀티플레이어 형의 문화활동가, 전문가를 요청하고 있는 것이다. 따지고 보면 최근 문화 정책의 흐름을 참고해 볼 때 문화 분야의 활동가는 특정 분야의 전문가보다는 예술에 대한 통합적 이해와 행정 능력, 정책적 마인드와 지역에 대한 이해와 열정을 겸비하고 있어야 한다. 최근 창작 공간은 시각 예술 뿐만 아니라 다양한 장르와 영역으로 확대되어 나가는 추세라는 점에서 특정 장르에 국한된 전문가보다 여러 예술 장르에 대한 통합적 이해가 요청된다. 게다가 대부분의 창작 공간은 지역과 연계된 기획 프로그램을 진행하고 있으니 지역민과의 소통도 중요하다. 물론 입주 작가에 대한 세심한 배려, 원스톱 지원 시스템에 대한 지속적 고민, 시설 운영에 따른 관리 능력이 뒤따라야 하는 것은 당연하다. 여기에 개별 창작 공간의 특성을 고려하지 않을 수 없다. 따라서 창작 공간 운영 경험이 짧다는 현재의 조건을 감안하면 어디라고 하더라도 창작 공간 운영에 대한 특별한 전문가가 따로 있기 힘든 형편이므로 세 기관이 이런 영역의 활동가, 혹은 전문가를 키워내는 프로그램을 공동으로 운영하고 공동 인턴십 제도를 도입하는 것도 적극적으로 고민해 볼 영역이다.

5. 생활과 유리되지 않은 창작 공간 – 한국적 모델의 창출

한국의 창작 공간이나 일본의 그것은 서구 사례에 견주어 보면 너무 정련되어 있고 잘 정비되어 있는 듯한 느낌이 강하다. 서구의 창작 공간은 시설과 외관이 잘 갖추어진 것도 있지만 방치된 건물, 혹은 용도가 폐기된 건물을 되는대로 자유롭게 활용하고 있는 사례도 많다. 사회적 필요가 그런 활용 방식을 자연스럽게 만들어낸 것일 터이다. 그에 비해 우리나라 수도권의 창작 공간은 상대적으로 많은 예산을 투여해서 건물을 리모델링하고 공간을 정비해 놓은 것이 많다. 그러나 모든 창작 공간이 꼭 그래야만 되는 것은 아니다. 창작 공간에 대한 어떤 규범이나 정해진 틀이 있는 것은 아니다. 창작 공간이라면 반드시 이래야 한다는 규격이 따로 있는 것은 아니라는 말이다. 그것은 해당 지역의 여건과 필요에 따라 만들어지고 자연스럽게 형성, 발전되어나가는 것이다.

그런 까닭에 수도권 지역의 창작 공간이 선발 그룹이라고 해서 따라야 할 모델이라고 말하기는 어렵다. 충분히 참조하는 것은 필요한 일이겠지만 후발 주자들이 기존 창작 공간의 틀에 맞추려는 것은 바람직스럽지 않다. 다른 지역에서 창작 공간을 조성할 때 수도권 지역의 창작 공간을 벤치마킹해서 비슷한 유형을 만들고 유사한 프로그램을 운영하는 식으로 추진된다면 문제가 아닐 수 없다. 풍부한 정책적 상상력이 오히려 선행 사례에 갇히게 될까 염려된다. 전국적으로 유사한 창작 공간, 비슷한 프로그램이 양산될 때 피해를 입는 것은 오히려 후발 창작 공간이다. 다른 지역에도 있으니 우리 동네에도 있어야 한다는 생각은 단견이다. 그렇게 되면 운영이 부실한 창작 공간이 양산되면서 창작 공간 무용론도 제기될 수 있다.

공공이 지원하되 창작 공간을 예술가 및 예술가 단체나 사회적 기업과 같은 새로운 주체가 조성하고 운영하는 것을 생각해 보는 것은 그래서 나름의 의미를 갖는다. 운영비가 막대하게, 그것도 지속적으로 들어가는 창작 공간이 우후죽순처럼 생겨나는 것은 바람직스럽지 못하다. 이미 수도권의 창작 공간에 대한 운영 지원비도 최근 지방자치단체의 재정 상황이 나빠지면서 줄어들고 있는 추세이다. 물론 여기에는 일단 짓고 나서, 운영에 대해서는 나 몰라라 하는 일부 자치단체의 비문화적 행정 관행도 작용하고 있을 터이다. 막대한 공간 조성비용과 많은 운영비가 지속적으로 투여되어야 하는 곳이 꼭 창작 공간의 바람직한 유형은 아닐 것이다. 애초에 도시 재생적 관점에서 자연스럽게 생겨난 창작 공간은 그런 것이 아니었다. 그러므로 오히려 강조하고 싶은 것은 예술가와 민간의 자발성과 상상력에 바탕을 둔 대안적 창작 공간의 가능성이다.

그런 점에서 인천의 '배다리'나 부산의 '또따또가'(따로 활동하지만 또 같이 활동한다는 의미)는 민간이 주도하고 공공이 일부 지원하여 만들어낸 좋은 사례라고 할 수 있다. 특히 '또따또가'는 구도심 지역의 일정 영역 안에 작가들의 작업실이 삼삼오오 들어서고 공방이나 카페가 늘어서면서 이들을 네트워크하는 공동 브랜드(또따또가)를 만들어 동네 축제까지 활성화시킨 모범 사례이다. 이곳에는 특정 장르가 중심에 서있지도 않다. 문학, 미술, 영화, 사진, 인문학, 연극, 공예, 출판, 서점, 문화 카페 등 문화예술의 종사자들이 하나 둘 모여들어 자유스럽게 자기 공간을 가꾸어가고 있다. 지원센터가 있지만 센터는 각 공간의 자생적 기반을 마련할 수 있는 일을 하는 정도에 머물고 있다. 이 동네는 그런 방식으로 문화 예술에 종사하는 사람들이 자연스럽게 모이는 곳으로 인식되고 지역도 활성화된 경험을 갖고 있다. 창작 공간에서 작업하는 사람들은 자기가 만든 물건을 판매하고 시민들을 대상으로 교육 사업도 진행하면서 때로는 자발적으로 모여 강좌를 개최하기도 한다. 예술가 자신들의 생활, 지역 주민의 삶에 자연스럽게 녹아들어있는 자발적인 민간 주도의 창작 공간인 것이다. 부산시에서는 '또따또가'에 매년 1억 정도의 지원금을 주는 것 이외에 별도로 지원하는 것은 없다고 한다.

공공 창작 공간이 해야 할 역할과 민간이 주도하는 창작 공간의 역할은 분명 다르다. 서로 담당해야 할 역할들이 있을 터이지만 이 둘이 모두 활성화되면서 긍정적 의미의 상생과 협력, 건강한 경쟁 관계가 형성되는 것이 오히려 더 중요한 일일지도 모른다. 지금처럼 자치단체가 주도해서 만드는 것이 창작 공간의 모델처럼 일반화되는 것은 경계해야 한다. 문화는 다양성과 자율성을 생명으로 하는데 비슷한 유형의 창작 공간이 예술 창작 영역을 지배해 버리면 안 되는 것이다. 창작 공간이라는 것도 도시 공간에서 그런 기능들이 필요하기 때문에 형성되고 만들어지는 것이기는 하지만 그런 공간들이 예술가나 시민들의 생활과 유리되지 않을 때 내부의 동력이 더욱 살아날 수 있다. 그리고 그것이 바로 한국형 창작 공간의 모델이 될 수 있는 것이다. 공공과 민간의 역할 구분이 적절하게 분리되고 상호 협력과 지원 관계가 제대로 자리 잡는다면, 창작 공간을 중심으로 지역문화가 더욱 활성화될 수 있다는 기대는 여전히 유효한 것이다.

영국의 도시 재생 :
코인 스트리트와 해크니에서 발견한 것들

　찰스 랜드리라는 사람의 『창조도시』라는 책이 도시를 연구하는 한국의 연구자나 정책 전문가들에게 큰 영향을 끼쳤다는 것은 주지의 사실이다. 그동안 토목 공사 위주의 도시 개발 패러다임에 대해 반성을 촉구하는 동시에 그와는 다른 길이 있음을 알려주었다는 점에서 『창조도시』는 의미를 갖는다고 할 수 있다.

　그렇지만 영국의 도시 재생에 대한 탐방 과정에서 그런 창조도시론자들의 주장 역시도 자본의 세련된 책략 가운데 하나일 수 있음을 시사 받았다. 창조도시라는 이름으로 도시 개발이 자본의 목적 아래에 조금 더 치장을 해서 진행되는 경우도 많다는 것이다. 탐방 첫 날 신혜란 교수가 강의한 영국의 도시 개발에 대한 내용에서 그런 시사점을 얻을 수 있었다. 신 교수의 강의에서 인상 깊게 느꼈던 것은 도시 발전, 혹은 개발의 철학과 방향이었다. 신 교수는, 중요한 것은 한국의 모델이고 경험이지 영국에서 배워갈 것은 그렇게 많지 않다고 말했다. 오히려 현실의 논리, 다양한 사람들의 욕망들에 솔직하게 주목하고 거기에서 실현 가능한 바람직한 방향을 차근차근 찾아가는 것이 도시 재생의 올바른 출발이라고 지적했다. 어느 누구, 어떤 국가와 도시라 하더라도 그런 과정을 찾아나가는 것이 그렇게 쉬운 일은 아니라는 것이다. 즉, 영국이라고 해서 특별할 건 없다는 설명이었다.

현실에서 모범답안이라는 것은 있을 수 없다. 나 또는 우리의 욕망이 그 또는 그들의 욕망과 부딪치는 현장이 도시이고 저마다의 욕망이 뒤얽혀 거대한 도가니처럼 끓어 넘치는 곳이 도시이다. 거기에서 우리는 최대공약수를 찾아 가며 인간다운 삶을 위해 한걸음씩 전진해야 하는 것이다. 벤치마킹이라는 이름으로 많은 한국인들이 영국을 찾아온다는 사실을 지적하면서 그 밑바탕에는 마치 영국이 도시 재생과 관련해 대단한 성공을 거두었고 우리는 그것을 열심히 배워야 하는 것 같은 자세가 느껴진다는 것이 신 교수가 강의시간에 농담 삼아 한 씁쓸한 애기였다.

어쨌거나 런던의 코인 스트리트와 해크니를 둘러보고 그쪽의 관계자들에게 설명을 들으면서 내가 새롭게 얻은 교훈이나 생각들을 대충 정리해 보도록 하겠다.

우선 시민 주도의 도시 개발에 대한 실험, 또는 경험이 우리에게도 필요하다는 점이다. 코인 스트리트는 도시 재개발 과정에서 런던시 정부가 주민들의 강력한 반발에 접하면서 용단을 내려 해당 구역의 도시 개발을 주민에게 일임한 경우이다. 주민들이 의사를 결집하여 자신들의 시각에서 공익적으로 도시를 개발하고 그 혜택을 고루 누려 오늘에 이른 것이 코인 스트리트다. 30년이 넘는 역사와 경험이 축적된 코인 스트리트는 고층 빌딩을 짓거나 거대한 상업 용지를 개발하고 분양하는 식의 개발 방식을 버리고 주민 임대 주택, 광장과 공원 조성, 주민커뮤니티센터 건립, 기존 건물의 재활용 등으로 마을을 정비해 나갔다. 지금도 진행 중인 이런 재개발이 도시 재생의 한 모델이 될 수 있음을 눈으로 확인할 수 있었다. 이 코인 스트리트는 신혜란 교수가 영국에서 가장 모범적인 도시 재생의 사례로 지적한 곳이기도 하다.

[사진-1] 해크니의 광장

템즈강 변에 있는 코인 스트리트는 자본에 의한 재개발, 즉 수익 창출을 위해 고층 빌딩을 짓고 지가를 상승시킴으로써 결국 특정 개발업자의 배를 불리는 방식에 주민들이 맞서 싸워 결국 런던시 정부가 토지를 매입해 주민들에게 개발권을 위임함으로써 가능할 수 있었다.

주민들의 조직된 강력한 단결력, 일부 시의원들의 동조 등이 런던시의 정책 결정을 바꾸게 만든 주요한 힘이었다고 한다. 재개발 방식이 이렇게 방향을 전환한 이후 주민들 역시 이곳을 정말 주민들이 살기 좋은 곳으로 만들기 위해 조합을 구성하여 실현 가능한 안을 만들고 지혜롭게 추진함으로써 성공적인 도시 재생을 이뤄낼 수 있었다.

이런 코인 스트리트의 사례는 우리에게 많은 시사점과 생각할 거리를 제공한다. 얼마 전 용산 참사나 배다리 재개발 논쟁을 지켜보면서 코인 스트리트 모델, 즉 주민 중심의 도심 재개발 실험은 우리나라에서 정녕 불가능한 것인가 자문하게 된다. 나만 혼자 잘 사는 것이 아니라 우리 함께 서로 잘 사는 것이 좋다는 생각, 단기간에 눈에 보이는 금전적 이익을 얻기보다 길게 가되 더 지속적이고 근본적인 이익을 얻는 것이 좋을 수 있다는 생각, 돈이 많이 투여되는 화려한 개발보다 돈도 적게 들고 기존의 건물을 활용하는 문화적 재생의 가치에 대한 재인식이 뒤따른다면 불가능한 일만은 아닐 것이다. 그러나 우리는 아직 그런 경험을 갖고 있지 못하다.

전반적으로 영국의 도시 재생 정책은 1980년대 대처정부 시절 제조업 중심의 성장 모델이 벽에 부딪치고 국가 재정이 바닥을 보이면서 등장한 대안이다. 텅 빈 공장들, 건물들이 도시의 슬럼으로 황폐화되어 가고 이것들을 재개발하기도 힘에 부치게 되었을 때 예술가들이 이런 건물에 들어가 작업장으로 활용하면서 새로운 활력을 얻게 된 것이 문화를 활용한 도시 재생의 단초가 된 것이라고 할 수 있다. 그러나 영국의 도시 재생은 단순히 예술적 활용이나 순수 예술을 위한 공간 제공과 지원만으로 이해되어서는 곤란하다. 오히려 도시를 활성화시키고 건물을 재활용하는 다양한 시도들 가운데에 예술도 의미 있는 역할을 한 것으로 이해해야 한다. 즉 예술도 그중의 하나이지 예술을 통한 도시 재생만 생각하는 것은 편협한 사고이다. 와핑프로젝트가 그 단적인 사례이다. 흉물처럼 방치된 도심의 작은 발전소 건물을 레스토랑으로 리모델링하고 갤러리로 활용한 와핑프로젝트는 민간이건 공공이건, 예술이건 상업적 영역이건 구분하지 않고 과거의 유산을 유연하게 활용하는 실용적인 자세를 보여준다. 그런 점에서 해크니는 또 다른 가능성을 보여주는 중요한 사례라고 할 수 있다.

해크니는 런던 가운데에서도 비교적 낙후하고 빈곤한 계층이 모여 사는 동네이다. 이곳의 중심 상가에 있던 넓은 주차장을 광장으로 조성하고 주차장에 부속된 건물을 런던시가 매입하여 민간이 활용할 수 있도록 제공한 곳이다. 해크니는 코인 스트리트보다 훨씬 외곽에 있고 주로 이주 노동자들이 거주하는 지역으로 작은 상가 건물이 모여 있는 런던 변두리 동네의 상가 지역에 위치하고 있다. 우리가 찾은 곳은 500평 내외의 크지 않은 네모난 광장에 'ㄱ'자 형 건물이 들어서있는 곳으로, 이곳을 운영하는 사람들은 기본적으로 건물 임대료로 급여를 받으며 2층에 자리 잡은 재즈바를 운영한다. 그리고 광장에서 지속적으로 다양한 문화예술 행사나 축제를 기획하고 개최한다. 그렇지만 이들은 예술인들이 아니다. 이곳을 운영하는 일종의 조합, 혹은 회사의 운영진일 따름이다. 주변 상가를 활성화하기 위해 상가 대표자들과 행사를 기획하고 운영한다. 행사 비용은 공공으로부터 지원을 받기도 하고 참가료를 받기도 하는 등 다양한 방식으로 충당된다. 광장을 둘러싼 건물의 1층 야외 상가는 기본적으로 저소득층에게 임대된다.

해크니의 경우도 공공이 도심의 일정 부지를 활용할 수 있는 권리를 주민에게 위임한 사례이다. 이곳을 운영하는 조직은 임대료를 통해 안정적으로 비용을 충당하지만 수익은 개인에게 귀속되지 않는다는 점에서 상업적으로 이곳을 개발한 것은 아니다. 오히려 광장을 활용해서 여러 문화행사를 기획하고 그 결과로 지역이 활성화되는 효과를 얻으려는 것이 주된 목적이다. 지역 활성화를 위한 공익적 조합이나 회사에 가까운 곳이라고 할 수 있다. 당연히 주민들이나 상가들도 이런 행사를 반길 수밖에 없고 때로는 함께 기획에 참여하게 되는 것이다.

해크니는 관이 지원하고 민간이 주도하는 지역 활성화 프로그램이라고 할 수 있다. 운영 재원은 건물 임대료로 충당하면서 사업과 활동은 공익적 목적에 부응하도록 진행되며 문화와 예술은 지역 활성화의 주요한 콘텐츠로 활용되고 있는 것이다. 운영진의 설명에서 그들이 문화, 예술을 발전시키거나 예술가를 지원하는 것은 아니라는 점을 확인할 수 있었다. 그들은 지역 활성화, 광장의 효율적인 운영이라는 더 포괄적인 목적을 갖고 있는 것처럼 보였다.

해크니의 사례에서 시사 받은 것은 지역 활성화를 위한 공공과 민간의 협력 프로그램이 생각하는 바에 따라 매우 다양할 수 있다는 점이었다. 우리의 정책적 상상력을 조금 더 자유롭게 확대할 필요도 있다는 생각이 들었다. 우리는 지나치게 제도적 구속에 갇히거나 영역의 틀 안에서 스스로 상상력을 옥죄었던 것은 아닌가 하는 반성이 들었다. 문화라는 영역, 혹은 예술이라는 영역에 스스로 갇혀 자신들이 할 수 있는 일의 한계를 미리 설정해 버린 것 같은 느낌도 들었다. 주안역 광장이나 동인천역 광장에 해크니 사례를 접목하지 말란 법은 없는 것이다.

아트플랫폼의 확장 과정에서도 민과 관이 협력의 틀을 만들어 가는 것, 인천의 시민들이 문화활동을 하기 위한 사업에 공공에서 공간을 임대해주는 것, 도시를 재개발할 때 공공 임대 공간을 확보해서 주민 스스로 운영할 수 있도록 제도적으로 길을 터주는 것 등은 문화의 영역을 도시의 여러 문제들과 적극적으로 결부시켜 생각할 때 떠오를 수 있는 대안인 것이다.

영국은 우리보다 도시 개발의 역사도 길고 민주주의의 역사도 장구하다. 우리는 압축적인 경제 성장을 이루어냈고 정치적 민주주의도 짧은 시간 안에 성취해 내었다. 세계사에서 이런 사례를 찾아보기 힘들 정도라고도 한다. 영국과 우리는 역사적 배경이나 문화적 토양이 다르다. 그렇기는 하나 이제 우리도 현실과 생활을 있는 그대로 깊고 넓게 성찰하는 현실주의적 시각이 필요하다. 그런 현실주의적 시각을 통해 도시 개발을 근본적으로 성찰할 수 있다고 생각한다. 지나친 성과주의, 급속한 기대효과나 재산 증식의 욕망으로부터 벗어나야 현실의 실체가 보인다고 주장하는 것은 나만의 역설은 아니라고 생각한다. 코인 스트리트나 해크니의 사례는 우리가 살아가는 생활의 현장에서 어떻게 우리의 공동체를 잘 가꾸어갈 수 있을 것인지에 대해 중요한 시사점을 던져주고 있다.

춘천은 어떤 길을 갈 것인가

경춘고속도로가 착공 5년 만인 2009년 7월 15일 개통되었다. 전국 도청소재지 도시 가운데 유일하게 고속도로와 연결되지 않았던 춘천도 이제 경춘고속도로의 개통과 더불어 고속도로와 연결되는 도시가 되었다. 개통된 지 얼마 되지 않아 고속도로 이용과 관련하여 여러 논란이 있는 것도 사실이지만 보완 공사, 연결도로의 확장과 개통, 추가 I.C.의 개통 등 시간이 지나면서 이런 불편 사항들은 개선될 것으로 믿는다.

어쨌거나 고속도로의 개통으로 춘천과 서울은 기존의 경춘국도와 철도 이외에 고속도로를 가짐으로써 수도권과 연결되는 도로망을 더 확보하게 되었다. 여기에 2010년 12월 경춘선의 복선 전철 개통은 춘천을 광역 수도권의 생활권 안으로 편입시키는 효과를 불러올 것이다.

춘천과 서울 간의 통행 시간이 1시간 이내로 단축될 수 있을 뿐만 아니라 경춘선의 복선 전철 개통은 통행의 횟수도 급격히 증가시킬 것이므로 춘천은 수도권과 하나의 생활권으로 묶일 것이라는 예상이 무리는 아니다.

이를 두고 춘천 내외의 여러 전문가들도 논의가 무성하다고 한다. 범 수도권으로 춘천이 편입된다면 인구 유입 및 방문객 증가 등으로 지가(地價)의 상승, 각종 개발 사업의 원활한 진행, 투자 활성화 등 지역 경제가 살아날 것이라는 낙관적인 의견과, 반대로 춘천의 수도권 편입은 수도권에 종속되는 현상이 심화되어 인구 공동화, 지역 상권의 몰락, 지역 정체성의 위기 등으로 연결될 것이라는 우려스런 전망도 만만치 않게 제기되고 있다. 그렇지만 이런 문제에 대해 아직 단정적으로 말하기에는 이른 감이 없지 않다. 정확한 효과는 시간이 지나면 서서히 드러날 것이고 중요한 것은 어떻게 춘천이 이런 변화에 대해 슬기롭게 대처하느냐일 것이다. 그렇지만 이런 현상이 꼭 춘천에만 해당되는 일은 아닐 듯 싶다. 기술의 발달로 정보 소통과 교통은 지속적인 발전을 거듭할 것이고 그에 따라 지역과 지역 사이의 시간적 거리를 좁혀 놓는 효과는 더욱 확대될 것이다. 이미 천안은 수도권 전철이 개통되어 있으며 대전도 KTX의 개통으로 서울과 1시간 이내의 생활권에 놓이게 되었다. 원주 역시 전철이 개통되면 비슷한 상황에 처할 것이다.

결국 생각해 볼 것은 이런 시대에 우리는 어떻게 도시를 바라보고 그 도시의 지역문화를 어떻게 가꿔갈 것인가 하는 문제이다. 교통과 통신의 발달은 더 이상 변수가 아닌 상수가 되었으며 따라서 그것은 예외적인 것이 아니므로 지역에서 살아가는 사람들의 공동의 문제가 되어버린 것이다. 그런 관점에서 경춘고속도로 개통을 문화적으로 숙고해 볼 필요가 있다. 우리는 경춘고속도로를 어떻게 지역문화의 관점에서 생각해 볼 것인가.

여기에서 한 가지 생각해 볼 것은 최근 도시 발전의 추세를 잠시 점검해 보는 것이다. 과연 인간이 살아가는 도시가 어떠해야 할 것인가를 두고 어떤 생각을 갖느냐에 따라 경춘고속도로를 바라보는 태도도 달라질 수 있을 것이기 때문이다. 이른바 글로벌 도시들은 무한 경쟁 체제로 돌입했다고 봐도 좋을 정도로 거대한 발전전략을 쏟아내고 있다. 특히 아시아 신흥 개발 국가 도시들의 경우가 그런 사례에 든다. 상해는 이미 중국의 경제 발전을 추동하는 도시를 넘어서서 범중화권 경제발전을 주도하고 나아가 세계적인 규모의 경제 발전을 이끌어가고 있다. 상해 푸동지구는 중국이 꿈꾸는 미래상을 압축적으로 보여주고 있다. 글로벌 금융과 물류를 상해라는 도시를 거점으로 이끌어가겠다는 전략이다. 상해 엑스포는 그런 도시의 지향을 단적으로 드러내는 메가이벤트로 기획되었던 것이다. 말레이시아의 쿠알라룸푸르나 도시국가 싱가폴도 마찬가지이다. 쿠알라룸푸르의 슈퍼코리도 사업은 IT를 집중 육성시키겠다는 의지의 발현으로 이해되고 있으며 싱가폴은 이미 세계적인 금융과 물류, 관광산업을 바탕으로 문화를 새로운 발전 전략으로 내세우고 있다.

국내 역시 마찬가지이다. 서울은 컬처노믹스를 표방하면서 도시 발전 전략으로 문화의 경제적 가치를 최대한 활용하려는 전략을 발표했다. 이 계획에 따르면 서울은 문화 산업에서 확실한 주도권을 갖고 도시의 쾌적성과 생산성을 높이겠다는 의지를 강하게 드러내고 있다. 그동안 서울의 주변부 도시에 머물러있던 인천 역시 공항의 개항과 경제 자유구역의 지정을 계기로 국제도시로의 발전을 선포하고 각종 도시 인프라를 정비하여 2014년 아시안게임을 개최함으로써 도시를 획기적으로 업그레이드하겠다는 계획을 실천하고 있다. 이미 인천은 송도, 청라, 논현, 검단 신도시 등이 개발되면서 지속적인 인구 증가가 예상되고 있다. 현재 인천의 인구는 275만이며 곧 300만을 넘어설 것이라고 한다.

이들 도시의 모델은 기본적으로 성장과 발전, 그리고 경쟁이라는 패러다임에 바탕을 두고 있다. 국가간 경쟁 모델에서 앞으로 도래할 시대는 도시 간 경쟁임을 인식하고 각자 새로운 시대 조건에 적극 부응하는 발전 전략을 내세워 경쟁 속에 성장과 발전을 지속하는 도시가 되겠다는 의지인 것이다. 이런 인식이 근본적으로 잘못된 것은 아니다. 분명 21세기는 국가도 국가지만 도시 간 발전과 경쟁이 더욱 강화될 것이라는 미래학자들의 예측도 나온 터이다. 그렇지만 이런 경쟁과 발전의 전략이 과연 최고의 가치인가를 근본적으로 되물을 필요가 있다. 발전하지 않으면 퇴보한다는 것은 사실이기는 하지만 발전의 패러다임을 어떻게 설정하느냐에 따라 그 양태는 차이가 있을 수 있다. 새로운 건물을 짓고 신도시를 건설하는 것이 과연 도시 발전의 모든 것인가, 도시 모두가 첨단산업을 유치할 수 있는가, 산업적인 성장만이 도시의 미래를 약속하는가에 대해서 숙고해 볼 필요가 있다는 것이다.

일본 제2의 도시인 요코하마는 '성숙한 도시'를 내세우고 있다. 그러면서 문화 발신(發信)을 매우 중요한 도시 전략으로 채택하고 크리에이티브 시티 센터를 설립하여 운영하고 있다. 나가사키는 평화도시를 내세우고 있다. 2차 대전의 종전을 불러온 원폭투하를 경험한 나가사키는 전쟁의 피해로 도시가 궤멸되는 처지에서 평화를 들고 나왔다. 한편 개항 당시의 각종 건축물과 이야기를 도시의 문화자원으로 만들어 걷기 좋은 도시로 만들어가고 있다. 그래서 나가사키는 일본인들에게 일상의 피곤함에서 벗어나 위안을 주는 도시로 이미지화되어 있다고 한다. 나가사키는 중급 도시로 혼잡스럽지 않은 평온함을 일본인들에게 제공하고 있는 것이다. 한편, 한국의 성남은 전형적인 신도시이다. 광주대단지 폭동사건이 상징적으로 말해주듯이 성남은 도시 발전사에서 신도시로만 도시가 형성된 독특한 이력을 갖고 있다. 지금도 분당과 판교 신도시의 존재가 말해주듯이 성남은 전형적인 수도권의 위성도시이다. 이런 성남은 성남문화재단을 중심으로 시민들이 문화예술을 향유하고 누리는 도시를 만들어가기 위해 노력하고 있다. 이미 많은 사람들에게 알려진 성남 사랑방 문화클럽이 그 사례이다. 성남 시민들이 자신들이 살아가는 고장에 대한 소속감을 높이고 삶의 여가를 문화를 통해 가치 있는 것으로 만들어가는 실험을 하고 있다. 시민이 문화예술의 일방적인 수혜자나 대상이 아니라 창조하는 주체로 나설 수 있도록, 그리고 그런 과정을 통해 생활의 주인이 되고 네트워크를 통해 서로간의 관계를 회복하도록 만들어가는 사업이다. 성남문화재단이 시작한 이 사업은 성남시의 주요 시책 사업으로 발전하였다.

이렇게 보면 발전 모델이 꼭 경쟁과 개발에만 있는 것은 아니다. 그리고 시민이 행복한 생활을 누리도록 하는 것이 그런 개발에 의해서만 이루어지는 것으로 보기도 힘들다. 어차피 우리가 살아가는 이 세계는 글로벌 경제체제여서 한 국가나 도시의 정부가 경제를 좌우할 수 있는 시대는 아니다. 어쩌면 지방자치단체는 그런 경제 문제보다 시민들의 생활을 편하고 쾌적하게 만드는 것이 더 긴박한 문제일 수 있다. 게다가 최근에는 인터넷의 확산으로 인한 정보 유통의 활성화로 스마트한 대중 시대라고 지적할 만큼 시민들의 지적 수준도 과거와는 현격히 달라졌다.

그렇다면 춘천은 경춘고속도로가 개통된 이 시점에서 어떤 길을 가야 할 것인가. 내 개인적 생각으로는 도시 발전을 경쟁의 패러다임에서 바라보지 않는 것으로부터 시작하는 것이 중요하다. 수도권의 많은 도시들을 곁에 두고 경쟁과 발전을 이야기하기보다 새로운 패러다임을 제시함으로써 오히려 광역수도권 시대에 춘천이 갖고 있는 특성이 잘 드러나도록 하는 것, 그리고 그것이 오히려 발전에도 이로울 것이라는 게 개인적 소견이다.

그렇다면 춘천이 갖고 있는 것은 무엇인가. 춘천이 어떻게 사람들에게 표상되고 있는가. 이것은 물론 간단하게 말 할 수 있는 성질은 아니다. 그럼에도 불구하고 성급한 일반화의 오류라는 비난을 감수하면서 춘천이라는 도시의 특성과 이미지를 언급해보자. 개인적인 의견이지만 춘천은 호반의 도시, 막국수와 닭갈비, 춘천 마라톤, 춘천 인형극축제와 마임축제, 옛날의 강변가요제, 홍상수 감독의 「생활의 발견」에 등장하는 춘천, 김현철의 「춘천가는 기차」 등등으로 나열될 수 있다. 이런 것들을 분석해보면 어떤 일관된 이미지가 추출될 수 있다고 생각한다. 문화적 콘텐츠들이 표상하고 있는 체계들 내부의 의미를 분석하는 것은 여기에서 할 수 있는 것은 아니지만 춘천이 우리나라 국민들에게 주는 이미지는 위에서 나열한 것들로부터 크게 벗어나지는 않을 듯하다.

경춘고속도로가 개통되었다고 하더라도 춘천은 경쟁과 발전의 논리에 집착하기보다 춘천이 갖고 있는 이런 문화적 콘텐츠를 강화하고 그것을 보존 발전시켜 가는 일이 더욱 필요하지 않을까 한다. 그것을 한마디로 표현하자면 '위안과 평안함을 주는 도시'라고 하겠는데 이는 물론 외부자의 시선이므로 문제의 소지가 없지는 않을 것이다. 개인적으로 춘천은 광역수도권 가운데에서도 춘천만의 도시 모델을 만들어감으로써 오히려 도시의 새로운 발전을 모색할 수 있을 것이라 생각한다. 경쟁이나 발전이 아니라 사람들에게 위안을 주고 평안함을 주는 도시, 느림을 존중하고 표피적인 성과에 연연하지 않는 도시, 적정한 수준의 도시 규모를 유지하고 메트로폴리탄을 지향하지 않는 도시, 그러면서 시민들의 생활이 쾌적할 수 있는 도시의 모델이 춘천이었으면 하는 것이다. 서로 경쟁과 발전과 개발에 휘둘리는 것이 과연 모두에게 좋은 것인지는 다시금 생각해 볼 문제인 것이다. 그런 점에서 춘천은 성숙한 문화적 관점을 도시 발전과 운영에 전면적으로 도입하는 일이 필요하다. 문화는 어느 한 분야에만 해당하는 영역의 문제가 아니라 관점의 문제이기 때문이다.

우리는 어떤 도시에서 살고 싶은가?

－인문도시의 비전

이런 질문으로부터 시작해 보자. 여러분들은 어떤 도시에서 살고 싶은가? 모던하고 세련된 빌딩들이 즐비하고 거리에는 멋들어진 카페와 상점들이 성업 중이다. 활기차고 명랑한 선남선녀가 거리를 바쁘게 오고 가는데 머리가 노란 외국인들도 제법 눈에 띈다. 널찍한 도로에는 최고급 승용차들이 씽씽 내달리고 있다. 물론 공기는 쾌적하고 날씨는 화창하다. 거리도 깨끗하고 사람들의 표정은 밝고 예쁘다. 푸르고 시원한 공원에서 아이 딸린 가족들이 뛰어노는 모습들도 보인다.

당신은 이런 도시에서 살고 싶지 않은가. 물론 글 쓰는 나도 이런 도시에서 살고 싶다. 편하게 생각해 보면 이런 도시를 마다할 사람이 과연 있겠는가 싶다. 어느 도시가 되었건 도시를 홍보하는 영상이라면 우리가 심심치 않게 만나는 장면들도 대부분 이런 범주에 들어간다.

그런데 다시 돌이켜 생각해 보자. 나는 그런 도시에서 어떤 위치에서 어떻게 벌어먹고 살아가고 있어야 하는가? 성업 중인 가게의 비정규직 종업원으로? 거리를 청소하는 청소부로? 그런 일을 하면서 만족스러워 하는 사람들도 있겠지만 인지상정은 그렇지 않다. 그런 도시를 상상하면서 모두들 그 도시의 주류로 스스로를 대입시킬 것이다.

다시 눈을 돌려 생각을 더 진전시켜 보자. 저 높은 건물은 누가 짓고 누가 관리하는가? 넓은 도로는 누가 무슨 돈으로 어떻게 만들었는가? 도로가 나고 빌딩이 있었던 곳에는 원래 무엇이 있었던가? 그곳에 살고 있던 사람들은 어디로 갔을까? 공원은 무슨 까닭으로 저렇게 넓게 만들었고 거리를 오가는 외국인들은 이곳에서 무슨 일들을 하는 사람들일까? 도시의 쓰레기는 어떻게 누가 치우고 있을까?

물론 일상적인 삶의 현장에서 모두 이런 생각들을 하면서 살아갈 수는 없는 일이다. 그렇지만 우리가 살아가야 할 도시의 모습을 고민할 때 이런 문제들을 무시할 수도 없다. 그런 점에서 도시가 사람들이 살아가는 생활의 터전이고 그곳을 어떻게 사람들이 살아갈 만한 곳으로 만들 것인가 하는 질문을 끊임없이 제기하는 일은 아주 중요한 일이다. 가끔 우리는 도시의 겉모습에 휘둘려 그곳이 정작 사람들이 살아가는 생활공간이라는 것을 지나쳐 버린다.

오세훈 전 서울시장은 임기 중반 사퇴하는 기자회견 자리에서 무상급식과 더불어 도시의 아름다움을 가꾸려는 자신의 뜻을 일부에서 왜곡했다고 항변한 적이 있는데 이는 아름다움이 무엇인지 초보적 상식조차 알지 못하는 무식을 스스로 드러낸 증거에 다름 아니다. 그가 구현하려 했던 것은 도시의 아름다움이 아니라 돈을 들여 도시를 치장하고 분식(粉飾)하려했던 것일 뿐이다. 도시의 아름다움은 외형의 아름다움 이전의 문제이고 외형의 아름다움은 내면의 아름다움이 뒷받침되지 않으면 스러지는 것이다. 그는 오히려 시민들의 세금을 그런 외형적 치장에 쏟아부으면서 정작 더 근본적인 공동체의 선행을 무시한 채 도시의 아름다움을 주관적으로 왜곡해 버렸다.

그런 점에서 인문도시의 비전은 도시의 참된 아름다움을 소중히 여기고, 도시가 사람들이 살아가는 생활의 공간이라는 사실을 절절히 인식할 때 가능하다. 일자리를 늘리기 위해 외자를 유치하고 도시의 경쟁력을 위해 도로와 철도를 건설하거나 터널을 뚫고 항만을 축조하는 일은 모두 중요하다. 그렇지만 도시의 경쟁력은 그 도시에서 살아가는 사람들의 행복한 삶을 위해서이지 다른 목적이 있는 것은 아니다. 그러면 어떻게 해야 도시에서 살아가는 사람들이 참으로 고루 행복할 수 있을까? 외자를 유치하는 게 혹시 빛 좋은 개살구일 가능성은 없는가? 빌딩을 짓고 도로를 널찍하게 낸다는 것이 정작 그 도시에서 살아가는 사람 대다수를 위하기보다 자본을 위한 것은 아닐까? 그 자본이라는 것도 정작 일자리는 눈곱만큼 늘리거나 비정규직만 양산하고 자신들의 이익만을 극대화시키려는 것은 아닐까? 이런 질문들을 근본적으로 제기하고 그 대안을 실질적으로 고민할 줄 아는 것이 인문 도시의 비전인 것이다.

그렇지만 시민 대다수를 편하고 행복하게 하는 삶은 어떻게 가능할까? 도시가 사람들의 생활의 터전이라는 점에서 갈등이 빚어지는 장이고 욕망이 대결하는 장소라는 점도 부인할 수 없는 사실이다. 재개발을 놓고서는 서로의 욕망이 한 치의 양보도 없이 부딪치고 사람들은 저마다 자신만의 이익을 쫓고 있는 것 역시 엄연한 현실이다. 사람들은 진리나 선을 추구하고 아름다움을 찾기보다 자신에게 돌아올 이익만을 탐낸다. 가라타니 고진이 말했듯이 자본주의 시스템은 진선미에 대한 인간 이성의 본연의 판단 기능을 억압하고 도구적 합리성과 효율성, 자기 이익을 추구하는 방향으로 이성을 일방적으로 작동하도록 만든다. 도구적 효율성이나 물질적 이익이 진리와 도덕적 선, 미적 아름다움을 압도하는 시스템이 시장 만능의 자본주의이다.

그렇기에 인문도시는 도구적 효율성이나 개인의 이익을 넘어 공동선과 진실, 아름다움을 생각할 줄 하는 시민을 만들어가는 일을 중요하게 여긴다. 그래서 때때로 도구적 합리성이 진실이나 공동체의 선에 위배될 때 그것을 거부할 줄 알고, 나의 이익이 공동체의 이익이나 선에 위배될 때 그것을 포기할 줄 아는 시민이 인문도시가 그리는 바람직한 시민의 모습이다.

그렇게 본다면 인문도시는 도시가 지향해야 할 가장 기초적이고 근본적이며 상식적인 토대이다. 우리가 지향해야 할 세상이, 사람이 자연과 더불어 보다 더 행복하게 살아가는 것이라면 인문도시의 비전은 그 가운데에서 가장 기초적인 덕목이어야 한다. 고용을 늘리고 도시를 개발하고 경쟁력을 높이는 것 이전에 나와 세계, 나와 우리 주변의 이웃, 나와 자연을 함께 생각하는 시민이 살아가는 도시이어야 그런 목표도 제대로 달성되는 것 아닐까? 많이 가진 사람들이 더 많이 가지기 위해 탐욕을 부리고, 눈앞의 나만의 이익에만 매달려 다함께 누릴 수 있는 우리 모두의 이익에는 맹목인 도시가 어찌 사람들이 사는 아름다운 도시가 될 수 있을 것인가? 경제적으로 풍요로운 도시가 되기 위해서, 생태적으로 건강한 도시를 만들어 내기 위해서, 보편적 복지를 흔쾌히 수행하는 도시가 되기 위해서, 전쟁을 반대하고 평화를 옹호하는 도시가 되기 위해서라도 인문도시는 그 가장 밑바탕에서 우리의 생각과 가치관을 받쳐 줄 덕목이 되어야 한다.

제 2 부

시민이 참여하는 지역문화

대안 거점으로서의 지역문화

1. 글을 시작하며

이 글은 지역문화의 의미를 새롭게 생각해 보기 위해 작성된 글이다. 지역문화는 지방자치제도가 완전히 정착되어가는 지금 그 중요성이 더욱 커져가고 있다. 그러나 지역문화가 문화 영역의 새로운 가능성으로 주목받게 된 직접적 계기는 2000년 '지역문화의 해'를 맞아 당시 문화관광부가 다양한 지역문화 활동가들의 네트워크를 구축하면서부터였던 것으로 판단된다. 향토문화가 아닌 지역문화에 대한 관심과 논의가 시작된 것은, 그러므로 그렇게 오래된 일은 아니다. 그런 까닭에 지역문화에 대한 원론적인 고찰이나, 왜 이 시기에 우리가 지역문화에 눈을 돌려야 하는가에 대한 본원적인 탐색은 그렇게 많지 않았던 듯싶다. 김우창, 김지하, 최원식 세 분의 글이 지역문화에 대한 근본적 성찰을 보여준 대표적인 사례라고 할 터인데, 과문한 탓인지는 몰라도 이런저런 정책적 논의에 비해 원론적인 논의는 부족한 바가 없지 않았다.[1]

이 글은 그런 상황에서 지역문화가 갖는 현실적 의미, 조금 더 구체적으로는 생활의 현장에서 대안적 가치로서 지역문화가 어떤 중요성을 가질 수 있을 것인가에 대해 원론적인 고민을 정리해 본 것이다. 최근 보편적 복지 논쟁이 정치권을 중심으로 일어나면서 우리가 지향해야 할 바람직한 공동체에 대한 근본적 탐색을 촉발시켰다고 한다면, 지역문화 역시 생활 현장에서 무엇을 고민하고 이룰 수 있을 것인가에 대한 문제제기도 필요하다고 본다. 물론 문화는 복지처럼 생활의 문제와 직접적으로 연결된 것이 아닐 수 있다. 그렇기에 오히려 근본적으로 생각해야 할 과제를 더욱 차분하게 제기할 수 있는 영역이라는 생각이 든다. 아직 생각이 완전히 다듬어지지 않아 보완되어야 할 사항 역시 적지 않을 테지만 이런 논의를 토대로 문화론과 지역문화에 대해 활발한 토론의 장이 펼쳐지기를 기대하는 마음이다.

1　김우창, 「문화의 중앙과 지방」, 『김우창전집 5』(민음사, 1993), 김지하, 「'기우뚱한 균형'에 관하여」, 『김지하 전집 2』(실천문학사, 2002), 최원식, 「지방을 보는 눈」, 『황해에 부는 바람』(다인아트, 2000). 이후 지역문화에 대한 개괄적 정리는 이현식, 『왜 지역문화인가—민예총문고 6』(로크미디어, 2007)에서 이루어졌다.

2. 오늘날 우리 문화가 당면하고 있는 현실

내가 여기에서 말하려는 문화의 개념은 한편으로는 예술 영역을 포괄하면서도 사람들의 일상생활을 포함하는 넓은 의미의 그것이다. 그렇지만 인간의 생활양식을 총칭할 정도로까지 문화 개념을 확장하려는 것은 아니다. 즉, 인간이 자연과 스스로를 구별하고 자연 속에서 인간 종(種)으로 살아남기 위해 행동하는 일체의 행위와 유무형의 자산을 넓은 의미의 문화라고 한다면 여기에서 우리가 말하려고 하는 문화는 그렇게까지 넓게 확장된 정도는 아니라는 뜻이다. 문화에 대한 개념 규정은 워낙 간단치 않은 문제여서 이 자리에서 그런 문제를 다룰 여유는 없다. 다만 이 글에서 다루는 문화의 영역이 예술(fine-arts) 및 대중문화, 그리고 사람들의 여가와 관련된 문화 향유 및 창조 활동을 지칭하는 정도로 받아들여졌으면 한다. 그 각각이 문화와 어떤 연관관계가 있는지에 대해서도 일단 논외로 한다.

그렇게 문화의 개념을 정리한 뒤, 오늘날 우리가 누리는 문화 현실을 생각해 보면 몇 가지 중요한 문제가 발견된다. 그것은 예술의 생활로부터의 유리(遊離)와 대중문화의 일상생활에 대한 지배로 요약된다.

장르별로 똑같지는 않겠지만 이른바 기초예술, 혹은 순(純)예술 장르는 오늘날 생활세계로부터 퇴각하여 자기들만의 성 안에서 안주하고 있다. 문학과 음악, 무용, 미술, 연극 등 순예술은 고도로 전문화되는 반면, 다른 한편으로는 예술가들만의 독자적 예술 세계로만 축소되는 것처럼 보인다. 내가 전공한 문학만 보더라도 그렇다. 시는 말할 것도 없고 소설 독자도 점점 줄어간다. 건강한 시민들의 기초 교양으로서 문학은 생명을 다한 것처럼 보이기도 한다. 이제 공공의 지원이 없다면 이런 순예술은 자기의 생명을 유지하기조차 어려운 실정이 아닌가 한다. 물론, 사태가 이렇게 된 데에는 여러 복합적인 이유들이 있을 것이다. 예술을 둘러싼 내외부의 다양한 요인들이 오늘날 순예술의 존재 방식을 그렇게 만들었을 것이다. 그 원인들을 분석하는 것 역시 이 자리에서는 유보하기로 한다. 몇 개의 문장으로 그런 현상을 단순화할 수는 없겠기 때문이다.

다른 한편, 사람들의 일상생활은 이제 대중문화에 거의 포획되어 있다고 해도 과언이 아닐 정도로 그것은 우리 주변에 폭넓게 편재(遍在)되어 있다. 영화, TV 드라마, 광고, 대중가요, TV 코미디, TV 토크쇼 등의 예능 프로그램 들은 유무선 매체와 기기를 통해, 그리고 디지털 기술과 결합되어 원하는 어느 곳에서나 우리의 삶을 비집고 들어온다. 물론 대중문화가 모두 나쁜 것은 아니다.[2] 순예술과 대중문화를 대립적으로만 이해하는 시각에 나는 동의하지 않는다. 대중문화의 총아라고 할 영화를 과연 그렇게만 볼 것이냐에 대해서도 이론(異論)이 있을 수 있다.

그러나 그럼에도 불구하고 대개의 대중문화는 이윤을 창출하려는 자본의 논리와 결탁되어 있음도 부인할 수 없다. 대부분의 대중문화들은 자본을 대는 자본주(資本主)의 이익에 복무하고 삶의 실체를 직시하도록

---

2 이태리 맑스주의자인 A. 그람시는 오히려 대중문화에 담긴 민중들의 꿈과 열망에 대해 적극적으로 해석할 것을 주문하기도 했다. 대중문화가 그것을 만든 자본가들의 이익에만 복무하는 것이 아니라 대중의 정서, 열망을 담아내는 것이므로 오히려 대중문화를 새로운 변혁에 대한 전망을 읽어내는 수단으로 본 것이다. 이에 대해서는 안토니오 그람시, 『대중문학론』(책세상, 2003)을 참조할 것.

하기보다는 매혹적인 것으로 포장해서 보여준다. 사람들은 여가 시간
이 생기면 흔히 집에서 TV를 보고 인터넷을 하고 혹은 찜질방에 가서
TV를 보고, 그렇지 않으면 지인들과 어울려 술을 마시고 노래방에 간
다. 그래도 나은 것이 영화를 보는 일일 것이다. 문화관광부가 3년 주
기로 조사한 '국민문화향수실태조사'에 나타난 사람들의 여가생활의
실제가 그렇다. 생활이 고달프다 보니 그런 도피처에서 위안을 받고
싶어 하는 심리도 여기에는 분명 작용하고 있을 것이다. 그렇지만 그
런 대중문화가 우리의 고달픈 생활을 근본적으로 치유해줄 수는 없는
일이다. 그것은 일시적인 위안에 불과할 뿐 우리의 삶을 근본적으로
성찰하고 개선하려는 노력을 동반하지 않는다.

　결국 오늘날 우리의 문화가 당면하고 있는 현실은 순예술의 생활 세
계로부터의 퇴각과 대중문화의 전면적 등장이라고 말할 수밖에 없다.
예외도 있겠지만 큰 흐름이 그렇다는 말이다. 한 시대의 문화의 정수
(精髓)라고 할 수 있는 예술은 골방에 처박혀 있고 대다수 사람들의 일
상은 대중문화에 지배되고 있는 것이 오늘날 우리 문화가 처해있는 솔
직한 상황이다. 이것의 공통점은 문화가 생활로부터 유리되고 있다는
점이다. 예술은 예술대로, 대중문화는 대중문화대로 생활을 방기하거
나 화려한 포장으로 감싸 그것을 숨기고 있을 뿐이다. 과도하게 단순
화시킨 감이 없지 않지만 이것이 오늘날 문화 활동가들이 직면하고 있
는 현실임을 인정하면서 지역문화에 대한 고민을 시작해야 한다고 생
각한다.

3. 대안 거점으로서 지역과 지역문화

우리가 지역문화에 각별한 의미를 부여하는 이유가 바로 이 지점에 있다고 생각한다. 여기에서 말하는 지역은 일정한 생활 공동체를 의미한다.[3] 그런데 지역이라는 코드로 현실을 읽으면 '생활'이 눈에 들어온다. 지역은 삶의 구체성과 생활의 현장이 밀접하게 맞닿아있는 곳이다. 그런 점에서 지역은 새로운 문화적 전망을 구축할 수 있는 공간이다.

이 말은 지역을 통해 앞에서 거론한 문화 현실에 대한 극복의 전망을 발견할 수 있다는 뜻이다. 생활 세계와 유리된 순예술이 다시 생활과 결합할 수 있는 장소, 삶을 거짓 위안으로 포장해버리는 대중문화의 껍질을 벗기고 생활을 발견하도록 만드는 장소가 지역일 수 있다는 것이다. 아울러 지역문화를 통해 새롭고도 다양한 문화 향유와 문화활동, 문화 창조의 모델을 만듦으로써 문화가 자신의 미래 돌파구를 발견할 수 있는 영역을 확보할 수 있다고 생각한다.

예를 하나 들어 보겠다. 최근 공공미술프로젝트는 지역문화 활동과 관련하여 매우 좋은 사례 중 하나이다. 지역이라는 구체적 공간에서 이루어지는 행위이므로 공공미술은 지역 특성에 대한 충분한 지식과 연구를 동반해야 한다. 공공미술 프로젝트는 지역이라는 생활 현장을 무시하고서 성공하기 힘들기 때문이다. 예술가들은 주민들이 주된 수용자이다 보니 그들의 생활과 밀착된 창작적 고민과 상상력이 필요하

---

3 지역이라는 말은 이와 다른 의미도 있다. 예컨대 아시아, 혹은 동아시아라는 넓은 의미의 공간 범위를 지역으로 지칭하기도 한다. 우리가 여기에서 말하는 지역문화는 생활이 이루어지는 구체적 삶의 현장을 가리킨다.

다. 정형화된 장르 개념에서 벗어나 다양한 실험 가능성을 풍부히 갖고 있는 것도 공공미술의 특성이다. 그런데 무엇보다 중요한 것은 공공미술을 통해 예술이 일상생활과 만난다는 점이다. 일상적으로 접하는 생활공간도 예술의 대상이 될 수 있고 주민도 그런 예술의 창조자로 함께 참여할 수 있다는 것을 보여주는 것이 바로 공공예술인 것이다. 최근에는 공공미술로부터 공동체 예술로 그 개념이 확장되는 추세이다. 미술, 공연 등 장르를 구분하지 않고 지역 커뮤니티와 함께 함으로써 예술이 생활의 부분으로 자리잡아가는 추세인 것이다.

그런데 이와 더불어서 지역문화를 고민할 때 또 다른 주요한 측면이 있다. 그것은 지역문화 활성화와 함께 바로 문화적 공공성도 확대된는 것이다. 두루 아는 바와 같이 지역이라는 프리즘에서 보면 몇몇 대도시를 제외하고는 문화예술에 시장의 논리를 적용하기 어렵다. 요컨대 순예술이라 하더라고 그나마 서울 같은 대형 거대도시 정도에서만 시장이 유지된다. 즉, 그런 곳 정도라야 공연과 전시 등이 어느 정도의 구매를 동반함으로써 충분하지는 않더라도 시장의 논리가 작동할 수 있다는 것이다. 그러나 다른 지역에서는 이런 시장이 미미한 수준이거나 시장을 운위하기 어려울 만큼 존재감이 없는 경우가 대부분이다. 내가 사는 인천만 하더라도 비록 수도권에 위치한 도시이지만 몇몇 인지도 높은 극소수 공연을 제외하고는 수익성이 없다. 그렇다 보니 시장을 믿고 공연이 이루어지는 경우는 거의 없고 상업 화랑은 아예 전무한 실정이다. 대도시가 이런 형편이라면 중소 도시나 농어촌 지역은 시장 자체가 존재하지 않는다고 해도 과언이 아닐 것이다.

지역문화는 그런 점에서 시장논리에서 접근될 성질이 아니다. 문화적 공공성의 관점에서 지역문화가 거론되어야 하는 것은 그래서이다. 지자체나 중앙정부, 혹은 그 이외의 제3섹터 영역에서 문화의 공공성을 확대해 나가야 하는 곳이 바로 지역이다. 바로 이런 점에서 문화적 공공성이 지역문화에서는 매우 중요한 의미를 갖는다.

그렇다면 문화적 공공성이란 무엇인가. 문화적 공공성은 문화의 향유, 창조와 접근 면에서 사회가 책임을 다하고 시민은 차별 없이 그것을 누릴 수 있는 권리를 가져야 한다는 것을 뜻한다. 시민 누구나 쉽고 편하게 문화를 향유할 수 있으며 자신이 원하면 사회적 제약 없이 문화를 창조하고 체험할 수 있을 뿐만 아니라 문화에 쉽게 접근하도록 만들자는 것이 문화적 공공성의 내용이다. 특정한 계층에게만 문화가 향유되는 것을 거부하고 시민 보편의 권리로서 문화를 누리도록 만든다는 것이 문화적 공공성의 정신인 것이다.

지역문화가 자본으로부터 독립적이고 문화를 생활과 매개시키는 일에 나설 수 있는 것은 이런 공공성의 틀 안에서 가능하다. 공공의 재원에 의존하는 지역문화는 자본의 논리에 지배되지 않는다. 동시에 문화를 주민들의 생활과 연결시키려는 노력이 동반될 수 있는 것이다. 지역문화가 오늘의 문화 현실 전반을 극복할 대안 거점이 될 수 있는 것은 이런 점에서 말미암는다.

그런데 여기에서 한 가지 짚고 넘어가야 할 문제가 배타적 지역중심주의이다. 지역문화는 어쩔 수 없이 지역 정체성에 대한 고민을 동반한다. 지역문화이기에 그것은 생활 공동체, 역사와 문화적 공동체로서 지역이 공유할 가치를 찾아내려고 노력한다. 정체성에 대한 고민은 동질감을 확인하려는 의지이고 스스로를 타자와 구별되는 것으로 인식하는 일이다. 그런데 우리가 말하는 지역문화, 더구나 대안 거점으로서 지역문화는 정체성에 대한 배타적 집착을 거부한다. 타자와 스스로를 과도하게 구별 짓고 동질감 확인에 집착하는 것은 분할과 배척의 논리를 동반하게 되기 때문이다. 그것이 곧 배타적 지역중심주의, 혹은 향토주의이다. 그것은 타자에 대한 억압으로 이어진다는 점에서 문화 본연의 정신과는 거리가 멀다. 따라서 오히려 정체성을 항상 문화적 다양성에 대한 이해와 연결시켜 고민해야 할 필요가 있다. 정체성은 다양성의 다른 면이다. 다양성 속에서의 정체성에 대한 고민이 이루어지지 못한다면 그것은 바른 정체성이라고 보기 어렵다.

예를 들어, 조금 다른 경우이지만 민족 문화도 마찬가지이다. 민족에 대한 과도한 집착과 맹신은 우리와 같은 단일민족의 신화가 있는 국가에서는 국가주의적 파시즘으로 변질될 우려가 있다. 그렇지만 우리에게 민족의 문제, 민족 문화의 문제는 여전히 의미 있는 가치를 갖고 있는데, 그것은 문화적 다양성의 관점과도 연결되어 있다. 두루 아는 바와 같이 우리는 분단과 이산(離散)의 문제를 안고 살아가고 있다. 분단된 다른 한 쪽인 이북, 중국의 조선족 동포들, 일본의 자이니치(재일교포)들을 생각해 보면 민족문화는 정체성과 더불어 그것의 다양성을 인정하는 가운데에 올바른 인식의 지평이 열릴 수 있다. 나는 이런 현실이 우리 민족의 정체성을 다양성과 관련된 속에서 고민하게 만든다고 생각한다. 지역문화도 마찬가지일 것이다.

그런데 그런 생각을 연장해 가다 보면 패권적이고 배타적인 지역문화 권력을 해체해야 하는 과제와 직면하게 된다. 지역에는 지역마다 독특한 그 나름의 논리가 있고 지역이라는 명분을 앞세워 자신들의 예술 행위를 배타적으로 인정받고 공공의 재원을 부당하게 독점하려는 잘못된 관행이 존재하고 있는 경우가 있다. 공공의 재원을 지원받으면서도 생활과는 유리된 자기들만의 성을 쌓아가는 예술 행위를 하는 집단들이 여전히 위력을 과시하는 경우가 없지 않은 것이다. 이런 질서를 해체하기 위해서라도 지역문화를 건강하게 활성화시킬 집단이 성장해야 한다. 그래야 지역문화가 생활의 문제와 만날 수 있다.

결국 지역문화를 건강하게 가꿔가는 것은 문화를 생활과 접속시켜 주민들에게 현실을 다시 바라보게 만들고 문화가 갖고 있는 가치를 공유하도록 하는 일에 다름 아니다. 그것은 또한 오늘날 왜곡된 문화 현실을 넘어서 새로운 대안 거점을 확보하는 일이기도 하다. 더구나 그런 활동은 문화의 공공적 가치를 강화시키는 방향과 일치하므로 그 의미는 더욱 크다고 할 것이다.

4. 새로운 연대의 가능성과 지역문화

지역문화가 생활과 접속한다는 것은 현실의 문제를 문화가 담아낸다는 것을 의미한다. 무상급식, 무상의료 등 보편적 복지가 사람들이 살아가는 구체적 삶의 문제와 직결된 것이듯이 문화 역시 우리가 살아가는 삶의 문제와 무관하지 않다. 특히 구체적 삶의 현장으로서 지역의 문제에 문화가 맹목이어선 안 된다. 지역문화라는 말은 바로 그런 생활 현장에서 문화의 창조성과 상상력을 발동해야 한다는 뜻을 내포하고 있다.

그런 점에서 지역문화는 삶의 문제를 고민하는 다른 영역과 긴밀하게 연결되어 있다. 복지, 환경, 여성, 노동, 주거, 교육 등이 문화와 구별되는 전혀 다른 세계의 이야기가 될 수는 없다. 오히려 문화가 이런 현실의 문제와는 동떨어진 별 세계의 것으로 인식되는 것이 문제이다. 당면한 문제가 해결되어야 문화도 가능한 것 아니냐는 선입관, '먹고 살기도 힘든데 무슨 문화 타령이냐'라는 자조적 한탄은 문화에 대한 오해로부터 비롯된다. 문화는 우리 개개인의 일상적 삶으로부터 우리가 살아가는 공동체가 당면한 문제에 이르기까지 현실과 절대 무관할 수 없다. 그렇기 때문에 문화는 오히려 더욱 적극적으로 여러 사회적 문제에 대해 더 많은 관심을 가져야 한다. 그것을 문화의 특유한 방식으로 대응하고 표현하는 것일 뿐이지 문화만의 고유한 관심사나 영역이 따로 있는 것이 아니다. 그러므로 지역문화를 건강하게 사고하는 사람일수록 지역 문제에 대해 고민하는 단체나 그룹 등과 연대를 적극적으로 모색하는 것은 당연하다. 아울러 문화를 고민하는 사람들이 지역의 문제, 생활의 다양한 현실에 대해 함께 생각하는 것은 기본적인 의무이자 윤리이다.

인천의 경우 '배다리'라는 지역에서 벌어졌던 예술인들의 행동이 그런 모범적 사례가 될 수 있지 않을까 한다. '배다리'는 예전에 배가 들어오던 곳이어서 그런 속칭으로 오늘날에도 불리고 있는 지역이다. 경인전철 동인천역 근방으로 헌책방 골목과 창영초등학교, 영화초등학교 등이 위치해 있는 오래된 마을이다. 창영초등학교와 영화초등학교는 각각 그 역사가 100년이 넘는 곳으로 학교 교사(校舍)가 문화재로 지정되어 있는 곳이기도 하고 인근에 과거 여선교사 기숙사 건물 역시 인천 유형문화재로 등록되어 있다. 배다리는 또한 오래된 양조장 건물도 그대로 남아있는, 전형적인 구도심 지역으로 서민들의 작은 집들이 오밀조밀 모여 있고 골목길이 잘 살아있는 옛날 동네이다.

그런데 이곳에 동인천역 역세권 재개발 사업과 인천공항—송도신도시를 연결하는 도시계획 도로 시공이 진행되면서 주민과 심각한 갈등을 빚게 된다. 여러 유형문화재와 1960~70년대 정서가 잘 보존되어 있는 이 동네에 8차선 도로가 뚫리면서 마을은 반으로 조각나고 동인천역 역세권 개발로 동네 일부는 철거 위기에 놓였다. 이곳의 문화적 중요성을 인식하고 무분별한 도시 재개발과 도로 건설 사업에 문제의식을 느낀 일단의 예술가들이 주민들과 함께 개발 반대 운동에 앞장서게 되면서 문제는 다른 차원으로 발전하게 된다. 2008년 경을 전후로 시각예술을 중심으로 한 예술가 그룹인 '스페이스빔'과 문인들 모임인 '인천작가회의'는 아예 근거지를 배다리로 옮겨 주민과 생활을 함께 하면서 싸움의 전면에 서게 된다. 이미 배다리에서 주민들과 오랜 시간 소통하면서 공동체 예술운동을 하던 '반지하'는 그런 원조 격이었다.

주민들과 예술가들의 연대 활동은 지역의 여러 사람들에게 공감을 불러일으켰고 사업 주체인 인천시는 결국 사업 중단을 선언한다. 이들의 요구는 도로 지하화였고 재개발 반대였다. 결국 이곳은 재개발 대상 지역에서 제척되었으며 도로 개설은 잠정적으로 중단되고 지하화를 적극 모색한다는 방향으로 가닥이 잡혔다.

그동안 예술가들은 이곳에서 주민들과 함께 다양한 예술 활동을 해왔다. 문인들은 이곳을 소재로 작품을 써서 발표하고 작가 초청 강연과 낭독 콘서트를 개최했다. 시각 예술인들은 공공미술 프로젝트를 진행하면서 주민과 함께 동네를 다시 바라볼 수 있는 토대를 쌓았으며 그 외에도 흥미롭고도 다양한 프로젝트를 기획했다. 배다리 마을 축제를 개최한 것도 그 연장선 위에서 추진된 것이었다. 여기에는 당연히 문화예술인들 말고도 지역의 양심적인 원로들, 종교 단체, 시민 단체, 전문가가 결합되었다. 배다리 사례는 인천에서 문화예술인들이 어떻게 지역과 건강하게 만날 수 있는가를 보여준 사건이었다.

그렇지만 굳이 이런 특별한 사건이 발생했을 때에만 지역의 문화예술인들이 개입하고 동네 주민과 결합해야만 하는 것은 아니다. 배다리에서 우리가 주목해야 할 것은 지역 문화예술인들이 특정 사건과 국면에서만 지역 주민이나 단체들과 결합한 게 아니라는 것이다. 오히려 배다리에 지역문화예술인들이 활동의 근거지를 마련하고 일상적인 생활을 그곳에서 함께 했다는 점이 더욱 중요하다. 특정 사건이 발생했을 때 문화예술인들이 계기적으로 발언하고 싸움을 함께 하는 것은 엄밀히 말해 일회적인 일이다. 그것은 일상을 탈피해서 잠시 겪어내는 일인 것이다. 그렇게 되다 보면 삶과 생활이 그들의 예술 활동과 결부되어 있지 못한 경우가 다반사이다. 오히려 예술인들의 삶이나 생활이라고 해서 특별할 것이 따로 없다는 점을 인식하는 것이 더 중요하다. 내가 살아가는 일상의 현실 속에서 문화가 시작되는 것이고 지역문화는 그런 현실 속에서 형성되는 것이다. 생활과 매개되는 지역문화는 그런 의미를 갖는다. 따라서 지역문화는 생활의 문제, 현실의 문제에 대해 건강하게 생각하려는 사람들, 집단들, 세력들과 연대해 갈 수밖에 없는 것이다.

5. 마무리

　지역문화에 대해 여전히 편견을 갖는 사람들이 있다. 지역문화는 뭔가 수준이 떨어지는 문화이던가 아니면 해당 지역에서 살아가는 그들만의 문화라는 생각이 암암리에 퍼져있다. 그렇지만 그곳이 서울이건 혹은 제주이건 사람들의 삶은 구체적인 지역의 생활공간에서 이루어진다. 그런 점에서 보았을 때 사람들의 생활이 토대를 두고 있는 모든 곳이 지역이다. 민족이 상상의 공동체인 것과 마찬가지로 중앙과 지방이라는 이분법, 혹은 서열화도 불순한 상상의 산물일지도 모른다. 그런 허구의 틀을 걷어내고 그 안에 작동되는 권력의 논리를 알아채는 일이 중요하다. 그런 인식 구도에 빠져 중앙을 쫓아가려는 헛된 욕망에서 빠져나와 자신이 살아가는 생활의 구체성에 뿌리를 내리는 문화, 생활 속에서 현실의 문제를 제대로 성찰하는 문화가 지역문화의 기본적인 지향점이다.

　문화는 복지와 교육과 주거처럼 영역이 구분되고 구획되는 특정한 영역만을 지칭하는 것이 아니다. 삶의 문제 일반에 대해 인문주의적 접근과 반성적 성찰을 통해 타인과 소통하는 방식을 찾아내려는 노력이 문화이다. 요컨대 문화는 문화만의 '영역'이 따로 있는 것이 아니라 삶을 바라보고 소통하는 '방식'의 문제인 것이나. 아울러 그런 성찰을 공유하는 사람들과 연대를 할 수 있도록 열려있는 공간이 문화이다. 거기에 삶의 구체성과 지역 현실이 결합될 때 지역문화가 가능해지는 것이다. 지역문화에서 우리는 문화의 새로운 전망도, 새로운 사회, 새로운 삶에 대한 대안의 가능성도 발견하게 되는 것이다. 지역문화는 그런 점에서 보다 더 인간다운 사회와 삶을 가꿔가는 통로인 것이다.

공공 문화정책과 시민 참여

1. 시민과 문화 참여

시민들이 자발적이고 능동적으로 문화활동에 참여하는 일은 꼭 문화
도시, 혹은 문화국가라는 목표를 위해서가 아니라 하더라도 살기 좋은
사회와 공동체를 만들기 위해서라면 필수적인 일이다. 복지국가 담론
이 한창 유행인 오늘날 문화 역시 복지와는 또 다른 차원에서 우리가
지향해야 할 공동체의 초석을 놓는 일이기 때문에 그렇다. 나와 함께
타인을 배려하는 일, 개인과 더불어 사회의 바람직한 방향을 고민할
줄 아는 사람, 공동체를 유지하기 위한 공공적 윤리와 교양의 형성이
문화의 기능이라면, 복지와 생태의 문제와 더불어 문화는 공동체가 유

지되는 토대를 쌓아가는 일인 것이다. 요컨대 문화적 토대가 튼튼해야 복지의 문제도 생태의 문제도 공동체의 이해와 동의를 기반으로 성과를 거둘 수 있는 것이다. 그러므로 전문 예술인들의 창작활동이나 발표활동 못지않게, 아니 때로는 그보다 더 중요하게 시민들의 문화활동을 진작시키는 일은 의미를 갖는다. 시민들의 문화활동 영역이 특정 예술 장르로 분류되거나 전문예술인을 닮아가기 위해 열심히 기량을 갈고 닦거나 예술적 재능의 많고 적음으로 평가될 수 없는 것도 그래서이다. 시민들의 문화활동은 예술의 문제로 귀결되는 것이 아니라 사회적 공공성 확대의 문제로 접근되어야 한다.

그런데 문제는 시민들의 자발적이고 능동적인 문화활동을 활성화하기 위해 과연 무엇이 필요하고 어떻게 해야 하는가 하는 방법론을 찾아내기가 쉽지 않다는 사실에 있다. 그만큼 이 문제가 구조적이고 특수하다는 데에 어려움이 있다. 그것이 구조적이라고 말할 수밖에 없는 이유는 단순히 하나의 요인에 의해 문제가 해결되는 것이 아니라는 점에서 그렇다는 것이고, 특수하다는 것은 어떤 보편적인 원리가 작동하기에는 개별적 상황이 모두 다르다는 점에서 그렇다는 뜻이다. 그렇지만 시민들의 능동적이고 자발적인 문화 참여를 유도하기 위한 정책적 노력이 필요없는 것은 아니다. 아니 오히려 그렇기에 더욱더 깊이 있고 인내심 있는 기획과 실천이 필요할 터이다.

2. 시민문화활동의 지원 방식

일반적으로 지방자치단체나 문화재단에서 시민들의 문화활동 참여를 위해 전문 예술가들에게 지원하는 것과 비슷한 모델로 다양한 사업에 대해 재정을 직접 지원하는 방식을 채택하고 있다. 창작 활동이나 동아리 활동, 그 외에 제안된 여러 활동에 대해 필요한 비용의 일부, 또는 전부를 지원하는 것이 그것이다. 공모 방식에 의해 계획서를 검토해서 그 타당성이 인정되는 경우 비용을 직접 지원하는 것인데, 공모를 통한다는 점에서 시민들의 자발성을 유도하고 다양한 기획의 틀을 열어 놓는다는 긍정적 의미가 없지 않다. 그러나 이런 지원 방식은 엄밀히 말해 수동적인 차원의 사업이라는 한계를 갖고 있다. 즉 공모에 응하면 심사해서 지원하지만 공모에 응하지 않으면 지원될 수 없는 문제를 안고 있다. 이런 공모방식은 적극적으로 찾아 나서서 지원하겠다는 의지가 부족한 것이라고 볼 수밖에 없는 것이다. 시민들의 문화활동이 활발할 뿐만 아니라 시민들이 공모 지원 사업이 있다는 것을 널리 인지하고 있는 경우라면 모를까, 그렇지 않다면 지원의 효과를 단기간에 거두기는 쉽지 않다. 더구나 필요한 비용을 직접 시민들에게 배분한다는 것의 정책적 함의는 시민들의 문화활동에 장애가 되는 요인을 재정적인 문제로만 인식하고 그것을 해소한다는 것으로 읽힌다. 그러나 서두에서 밝힌 바와 같이 시민들의 문화활동을 가로 막는 것은 재정적인 문제도 있겠지만 단순히 비용이 아닌 구조적인 문제와 연결되어 있다. 즉 시민들의 문화활동은 직접적 재정 지원으로만 해결되는 것은 아니라는 것이다.

예를 들어 보자. 인천시는 '책 읽는 도시, 인천'을 만들겠다는 취지
에서 다양한 사업을 기획하고 있다. 사실 따지고 보면 시민들이 책을
일상적으로 읽을 수 있는 도시야말로 최상의 문화도시라고 할 수 있다.
책을 읽는 것은 여러 문화활동 가운데에 가장 손쉽고 일상적으로 할
수 있는 일 가운데 하나인 동시에 문화의 기본을 이루는 것이다. 따라
서 '책 읽는 도시, 인천'을 만들겠다는 취지 자체는 충분히 공감을 얻
을만하다. 그렇다면 어떻게 책 읽는 도시를 만들 것인가? 그 방법론을
생각해 보면 책 읽는 도시를 만든다는 것이 그렇게 간단한 일이 아니
라는 것을 알 수 있다. 책을 읽을 조건을 도시가 만들어간다는 의미이
므로 이것은 몇 가지 이벤트로 해결될 성질이 아니다. 그렇다고 책을
읽자는 내용을 일방적으로 홍보하고 캠페인을 벌인다고 해서 될 일도
아니다. 때로는 그런 캠페인이 역효과를 내는 경우도 배제할 수 없다.
게다가 그것의 진행 성과가 눈에 확연히 보이게 나타나는 것도 아니다.
문화는 그렇게 소리 내서 한다고 성과를 거두는 일은 아니기 때문이다.
오히려 해야 할 일은 책을 읽을 수 있는 여가 시간의 확보, 도서관을
포함해서 책을 일상적으로 접할 수 있는 공공 공간의 확대, 책을 읽는
다양한 동아리의 광범위한 조직, 직장 내에서 독서에 대한 분위기 조
성, 책에 대한 정보 습득 통로와 기회의 확대 등등 사회의 유형, 무형
의 인프라를 지속적으로 만들어 나가는 일이 중요하다. 물론 인천시는
이런 일도 병행해서 추진하고 있다. 그런 여건을 조성하고 사회적 분
위기가 형성되는 가운데에 책에 대한 흥미를 돋울 수 있는 문화적 이
벤트가 부수적으로 마련되는 것이 순리일 것이다. 단순히 책에만 집중
해서 어떤 사업을 기획하고 독서 운동을 벌려서 될 일은 아니라는 말

이다. 책 읽는 일 하나만 놓고도 시민들의 문화활동에 대한 문제는 단순한 것이 아님을 알 수 있다.

다른 경우를 보자. 이미 많이 알려져 있지만 성남문화재단이 주도한 사랑방 문화클럽은 시민들의 자발성을 이끌어낸 매우 중요한 성공 사례이다. 시민들의 자발적인 문화동아리를 더욱 활성화시킨 성남 사랑방 문화클럽의 성공 요인은 크게 두 가지이다. 하나는 동아리 간의 네트워크를 성남문화재단이 주도적으로 이끌어냈다는 점이고 다른 하나는 동아리 활동의 공공적 가치를 스스로 깨닫도록 만들었다는 것이다. 자기들이 좋아서 하는 활동인데 그것이 우리가 사는 동네를 더 좋게 만들 수 있다는 것을 체험적으로 알 수 있게 했을 뿐만 아니라 서로 힘을 합하고 네트워크를 하면 더욱 즐거워지고 그 영향이 배가된다는 것을 실례를 통해 입증했다. 그러다 보니 시민들의 동아리활동이 더욱 활발해지게 된 것이다. 사랑방 문화클럽은 성남문화재단이 오랜 시간 지역 상황을 조사하고 기획해서 만들어낸 성과이다. 여기에서 배울 점은 성남문화재단의 기획자들이 지역의 현실을 충분히 조사하고 시민들의 문화동아리가 갖고 있는 장점과 한계를 파악해서 장점은 살리고 한계점은 극복할 수 있는 방안을 만들어냈다는 점에 있다. 그 내용이 동아리간의 네트워크와 지역 사회에 대한 공헌 활동을 기획하는 것이었다. 성남문화재단의 사례는 시민들의 문화활동을 능동적으로 이끌어내기 위해 필요한 것이 무엇인가를 시사해준다. 단순히 공적 기금의 지원에 만족할 것이 아니라 충분히 현장을 조사하고 지역 현실에 맞는 정책을 기획했다는 점이 중요한 참고점이다.

그런데 성남이 성공했다고 해서 그런 성공 사례를 다른 지역에 그대로 적용하는 것은 또 다른 문제이다. 다른 지역에서도 성공하리라는 보장을 할 수는 없다는 말이다. 성남이 성공할 수 있었던 것은 성남이라는 지역의 조건이 있었기 때문에 가능한 것이었다. 사랑방 문화클럽은 성남 가운데에서도 주로 분당 지역에서 활성화되어 있는데, 두루 아는 바와 같이 분당은 전형적인 중산층 밀집 주거 지역이면서 수도권의 위성 도시적 성격이 강한 곳이다. 서울로 출퇴근하는 여유 있는 중산층 중심의 신도시에서 문화 동아리가 활성화되었다는 것은 그것의 성공 가능성을 예견할 수 있는 일이었다. 여가활동을 할 수 있는 경제적 여유를 비슷하게 갖고 있으며, 서로 교류하기에 편한 주거 밀집 지역이고, 도시가 형성된 역사가 짧아 혈연이나 지연에 대한 연고가 많지 않다는 점은 문화 동아리가 발달할 수 있는 토대로 작용했을 것이다. 그런 점에서 성남 사랑방 문화클럽이 성공할 수 있었던 지역적 특성을 무시하고 성남의 사례를 기계적으로 다른 지역에 이식하려고 하는 것은 경계할 일이다.

3. 자발성을 이끌어내는 방안

시민들의 자발적이고 능동적인 문화활동을 조식해내기 위해서 공공 영역이 정책적 수단을 동원하는 것은 의미도 있고 필요한 일이기도 하다. 그렇지만 정책적 수단이라는 것을 공공 재원의 직접 투입으로만 접근하는 것은 금물이다. 오히려 공공의 재원을 잘못 투여하면 시민들의 자발성을 해치게 될 가능성도 많다. 시민들의 문화활동은 말 그대로 자발성에 기초해야 하는데 자칫 돈을 지원하는 방식으로 사업을 기획하다 보면 시민들의 문화활동 목적이 공공의 재원을 얻어내기 위한 수단으로 전락될 가능성도 있기 때문이다. 더구나 재원에만 의존하는 문화활동은 그 재원이 끊길 때 쉽게 사라진다는 점에서 정책 효과가 지속되는 것도 아니다. 아울러 그런 방식은 문화가 시민들의 일상 속에 뿌리내리게 하는 것으로 보기도 힘들다. 비용을 지원해야만 어떤 성과가 나올 것이라는 생각이나 관습은 적어도 시민 문화활동 영역에서는 정답이라고 말할 수 없다.

그러므로 오히려 중요한 것은 시민들의 문화 욕구와 수요가 어디에 있는지, 우리가 사는 동네의 문화 환경은 어떤 상태인지를 면밀히 조사하는 것부터 시작하는 게 중요하다. 이때에도 조사만이 능사는 아니다. 시민들의 문화활동을 어떻게 이끌어 낼 것인가 하는 목적과 의도를 갖고 조사를 설계하는 것이 중요하다. 물론 인문학적 상상력과 창의적인 기획력이 기본적으로 밑바탕에 깔려있어야 한다. 그런 조사 결과를 토대로 정책과 프로그램을 기획하고 지속적으로 진행해 갈 때 의미 있는 성과를 얻을 수 있을 것이다. 사업의 성과가 한 순간에 나올 수 없다는 것은 문화 영역에서는 상식에 속한다.

종종 해외의 성공 사례를 거론하는 사람들도 많지만 이 역시 참조해야 할 자료에 불과하다. 우리는 우리 스스로의 모델이 필요하다. 압축적 성장을 통해 단 기간에 발전한 한국적 특수성이 갖는 조급성도 고려해야 하고, 정치적 민주주의는 이뤄냈지만 생활 속 민주주의는 아직 형성중인 주민들의 이율배반적 사고 구조나, 지방자치가 일천한 우리의 역사적 상황과 문화적 토대 또한 무시할 수 없다. 거기에 동네마다 처해있는 환경 또한 모두 다르다. 서울의 강남과 강북이 같지 않고, 인천의 연수구와 중구가 서로 다르다. 같은 자치구라고 해서 같다고 보기도 어렵다. 이런 특성들을 고려하면서 정책의 방향을 세우고 그 방향을 실현할 수 있는 효율적인 사업을 기획해서 인내심을 갖고 추진하되, 과정을 점검하는 것이 필요하다. 물론 그렇다고 하더라도 1회성 사업에 역점을 두기보다는 시민들이 문화활동을 할 수 있는 거점을 만들어내는 일이 중요하다. 그것이 때로는 하드웨어적 인프라일 수도 있고 프로그램이나 콘텐츠일 수도 있으며 시민들의 모임과 같은 조직체일 수도 있다. 공공의 정책이나 재원을 어떻게 기획해서 집행할 것인가에 따라 그 결과는 천차만별이다. 그런 일일 수록 책임감 있고 열정을 가진 문화 매개자의 존재는 그 빛을 발할 것이다.

시민이 중심이 되는 지역문화
-인천의 사례를 중심으로

1. 시민이 중심이 되는 지역문화 만들기의 의의

건강하고 창의적인 지역문화를 만들어가기 위해서는 여러 가지 요소들이 필요하다. 재능 있는 예술가와 충분하고 다양한 문화시설, 지혜로운 공무원과 열정적인 문화 매개자, 그리고 풍부한 재원과 효율적이고 합리적인 정책 및 정책 집행 시스템 등이 그런 예에 들 것이다. 그렇지만 빼놓을 수 없는 것이 창조적 상상력이 충만하고 문화와 예술을 일상 속에서 즐기고 창조할 줄 아는 시민들의 존재이다. 시민을 제외해 놓고서는 위에서 거론한 여러 요소들은 존재가치가 없다고 해도 과언이 아닐 정도로 시민은 지역문화의 핵심적 요소이다. 질 높은 예술을 즐기는 시민이 없다면, 다양한 문화 시설을 이용하려는 시민이 없다면, 창의적인 예술 활동에 참여하려는 시민이 없다면 문화 역시 존재하지 않는 것이나 마찬가지이다. 시민이 없는 지역문화는 그런 점에서 상상할 수 없다. 지역문화의 출발과 종착점은 그렇기 때문에 시민일 수밖에 없는 것이다.

그런 점에서 21세기가 문화의 세기라는 말도 그것의 참의미, 즉 과연 문화의 세기는 어떻게 만들 것이고 우리에게 무엇을 가져다 줄 것인가에 대해 냉정하게 생각해 볼 필요가 있다. 문화를 돈벌이의 또 다른 수단으로 여겨 문화를 내세우는 것이어서는 곤란하다. 문화는 과정과 결과의 부산물로 때때로 물질적 이익을 가져다주기는 하지만, 그것 자체가 물질적 이익을 목적으로 하는 것은 아니다. 곧 돈벌이의 수단이 문화는 아니라는 말이다. 문화를 돈벌이의 수단으로 여기면 문화가 갖고 있는 고유성도, 물질적인 이익도 모두 잃고 마는 결과를 초래하기 십상이다.

문화는 오히려 물질적 이익, 혹은 실용과 효용이 지향하는 가치를 괄호에 넣을 때 그 고유성이 살아난다. 창조적 상상력, 그리고 세계와 자기에 대한 반성적 인식, 재미와 감동이 뒤섞여 나의 삶과 공동체의 삶을 성찰하여 진정 우리를 행복하도록 만드는 것이 문화인 것이다. 우리가 지향해야 할 진정한 가치가 무엇인가를 생각할 줄 알고 실천할 수 있도록 만드는 내면의 힘, 그리고 그것을 공유할 수 있도록 하는 공동체의 저력이 문화인 것이다.

선진국은 물질적 풍요를 통해서만 도달 가능한 것이 아니라 참되고 선하며 아름다운 것을 지향할 줄 아는 사회적 토양과 교양의 토대가

쌓일 때 가능한 것이다. 바로 그런 토대를 만들어 가는 것이 문화이다. 그런 문화를 누리고 창조할 줄 아는 시민으로 구성된 사회일 때 그 사회와 공동체는 진정 행복한 사회가 되는 것이다. 아파트 평수나 연봉이나 학력을 서로 경쟁하면서 타자에 대한 우월감을 느끼는 것이 행복한 사회가 아니라는 것이다. 문화는 그런 세속적 가치 지향이 행복이 아니라는 것을 생활로부터 실감 있게 알 수 있도록 하고 어떤 것이 정말 행복한 삶이고 풍요로운 공동체인지를 판단할 수 있도록 만드는 기제이다. 그런 점에서 문화의 세기를 만들어 나간다고 할 때 시민은 그 중심이 될 수밖에 없는 것이다. 시민이 함께 만들어 가는 문화의 세기와 문화 국가, 문화사회가 아니라면 그건 속빈 강정이고 헛된 수사(修辭)에 불과할 따름이다.

그렇지만 시민 중심의 문화라고 해서 지나치게 이상주의적으로만 접근하는 것 역시 금물이다. 어떤 고정적인 실체로 시민이 따로 존재하는 것도 아니고 마치 시민 만능주의 식으로 시민만 내세우면 모든 일에 정당성이 부여된다는 사고 역시 문제가 아닐 수 없다. 시민은 이 글을 쓰는 나를 포함해서 일상의 현실과 생활 속에 존재하는 우리의 다른 모습이기도 한 것이다. 시민이 문화의 중심이 된다는 것은 그렇게 간단한 일은 아니다. 단기간 안에 결과를 산출할 수 있는 성질의 것도 아니며 무수한 시도와, 시도에 따른 실패와 경험이 축적되고 다른 여건들도 지속적으로 개선되어 갈 때 가능한 일이다. 이 글은 그런 문제의식에서 시작해서 지역문화의 현장에서 시민들이 주축이 되는 문화사업의 사례를 검토해 본 결과이다. 아울러 그런 사례를 토대로 시민이 중심이 되는 사업이나 활동의 모델을 제시함으로써 시민 중심의 지역

문화 창조의 실현 가능성에 대해 타진해 보려고 한다.

2. 인천의 사례 – 지원 사업, 시민 컨설팅단 운영과 공공미술 프로젝트

인천에서는 인천문화재단을 중심으로 지원 사업의 틀 안에서 시민 문화활동에 대한 공적(公的) 지원을 시작하였다. 매년 문예진흥기금 지원 사업 혹은 일반공모 지원사업(이것은 문예진흥기금 지원사업이 명칭을 변경한 것으로 내용은 같다)에 시민들에 대한 지원 영역을 신설하여 2006년부터 시민 문화활동에 대한 지원을 시작한 것이다. 이를 통해 시민들의 자발적 문화 활동에 대한 지원과 기존 예술 영역을 벗어난 다양한 분야의 시민 문화 활동에도 지원의 길을 터놓으려는 의도였다. 매년 총액 1억 원 이내에서, 단일 건으로는 초반에는 300만 원까지 지원할 수 있도록 하였지만, 2008년부터는 그 금액을 100만 원 이하로 낮추었다. 2010년 이후부터는 사업을 다각화하여 시민 축제 영역을 새로 지원 범위 안에 넣었고, 다시 2011년에는 문화도시공동체 지원 사업을 신설하였다. 사업이 신설되면서 지원 총액도 늘어나는 추세이다.

개별 지원액을 낮춰 소액 다건 지원방식의 성격을 명확히 한 것은 지원 신청하는 시민 동아리에게는 웬만하면 혜택이 고루 미치도록 하려는 의도였다. 지원액수가 많으면 오히려 지원금을 놓고 갈등이 생길 수도 있고, 지역 예술가들이 지원금을 받으려고 시민 아마추어 동아리 영역 안으로 들어와 지원하는 사례가 발생하기도 한다. 시민 영역의 지원은 심사가 까다롭지 않기 때문에 지역 예술단체에서도 지원 신청서를 내는 경우가 적지 않았던 것이다. 이런 문제를 차단하기 위해 시민 영역의 지원 사업은 축제형 사업이나 재단 자체 기획사업을 제외하고는 모두 소액 다건 방식으로 이어가고 있다.

그런데 시민 지원사업의 효과는 시민 동아리의 문화활동을 진작시키는 효과는 거두고 있지만 애초에 기대한 만큼 성과를 거두고 있는가에 대해서는 다소 회의적이다. 이런 지원 사업의 존재를 일반 시민들은 많이 알고 있지 못할 뿐만 아니라 신생 조직인 인천문화재단의 존재조차 알지 못하는 시민들이 많았던 까닭도 있다. 그렇지만 더욱 근본적으로는 시민들의 문화활동이 폭넓게 자리 잡지 못한 이유도 있다. 게다가 그만큼 시민 문화활동의 층이 두텁지 못하다는 것을 의미하는 것이기도 하다. 물론 그럴수록 시민 지원 사업은 꾸준히 진행해야 한다. 어차피 짧은 기간 안에 성과가 나오는 것은 아니므로 시민 문화활동에 대한 지원 시스템을 지속적으로 개선하고 널리 홍보하면서 그 추이를 지속적으로 지켜보고 성과가 축적되는 시간을 기다려야 할 것이다. 아울러 공모 지원 사업에만 의지할 것이 아니라 자체적인 기획 사업으로 시민들의 참여와 조직화를 통해 성과를 거두는 모델을 만들어 가는 것도 매우 중요하다. 사실, 문화도시 공동체 사업은 그런 의도로 시작된 것이기도 하다.

두 번째 소개할 사업은 시민문화컨설팅 사업이다. 시민문화컨설팅 사업은 애초에는 시민문화모니터링 사업이라는 이름으로 시작한 것이다. 지역에서 개최되는 다양한 문화예술행사에 시민들이 모니터링을 하고 나아가 지역문화예술의 주체적 향유자로서 시민들이 중심이 될 수 있는 사업으로 기획된 것이다. 이 사업은 지역문화예술 활동에 시민적 비평을 가함으로써, 한편으로는 지역문화예술이 지원사업에 의존하여 창작의 긴장을 잃고 나태해지는 것을 막고, 다른 한편으로는 시민들을 능동적 향유자로 만드는 운동이었다. 인천에서는 처음 2002년 '인천의제 21'에서 이 사업을 시작했다가 문화재단이 출범한 뒤 2005년부터는 재단에서 사업을 진행하였다. 2008년까지 시민문화컨설팅단이라는 이름으로 활동하고 2009년에는 잠정적으로 사업을 중지한 상태이다. 중지한 이유는 사업을 전반적으로 점검하고 그간의 성과와 문제점을 분석한 뒤에 다시 기획하여 재출발하자는 판단 때문이었다.

이 사업은 컨설팅단에 적극적으로 참여한 시민들을 모을 수 있었다는 성과도 있었지만 오랜 시간 컨설팅단의 충원과 확대가 원활하게 이루어지지 못함으로써 한계에 부딪쳤다는 데에 문제가 있었다. 일정한 기간 동안 컨설팅단의 활동을 보장하고 이후 컨설팅단에 참여한 시민들이 주체가 될 수 있는 다른 활동의 영역이 준비되지 못했다는 점, 그렇게 해서 컨설팅단이 원활하게 재생산되는 시스템을 만들어내지 못했다는 점이 문제로 분석된다. 이는 인천문화재단이 아직 시민컨설팅단을 활발하게 운영할 정도의 역량을 갖지 못했다는 것을 의미하기도 한다.

그렇지만 시민들이 지역에서 개최되는 다양한 문화예술 행사와 축제 등에 지속적으로 참여할 수 있는 사업의 틀을 만들었다는 것은 중요한 성과임에 분명하다. 시민컨설팅단이 비교적 시간적 여유가 있는 주부들에 한정되어있었다는 한계를 넘어서서 보다 폭넓은 계층과 연령대의 참여, 지속적인 활동 모델, 교육 프로그램의 정비, 자발적이고 자체적인 활동을 할 수 있는 동력의 마련 등이 과제로 남아있다. 인천문화재단이 컨설팅단의 운영 책임을 맡는 구조도 재고할 필요가 있다. 재단이 아닌 다른 영역과 단체가 운영의 책임을 맡고 재단은 이들을 지원하는 방식이 오히려 사업의 취지에 맞는 것이 아닌가 하는 생각도 있다.

현재는 인천문화예술 시민서포터즈 운영을 새로 기획하여 2010년부터 시행하고 있다. 이것은 시민 스스로 온라인 등을 통해 인천의 문화예술을 많이 알리자는 취지에서 기획되었다. 예술가와 시민 사이를 불신하게 만든 네거티브 방식의 컨설팅단 사업의 문제점을 개선하면서 인천의 좋은 문화예술을 알린다는 포지티브 방식으로 사업을 기획함으로써 시민과 예술가(단체)를 상생시키려는 의도에서 기획된 것이다.

마지막으로 공공미술프로젝트의 사례이다. 공공미술프로젝트는 예술가와 시민이 함께 참여하여 도시의 특정한 공간에 장소적 특성을 부여하여 그곳을 삶의 공간이자 문화예술의 공간으로 바꾸는 사업이다. 예술가들이 일방적으로 참여하여 도시 공간을 아름답게 꾸며내는 미관 개선 사업이 아니라 주민들과 함께 그 공간의 특성을 읽어내고 주민과 예술가가 공동으로 참여하여 공간을 문화적인 방식으로 바꿔내는 것이 공공미술인 것이다.

인천문화재단은 공공미술프로젝트를 공모지원사업의 방식으로 진행하여 일정한 성과를 거두기도 하였다. 대표적인 것이 교문 바꾸기 프로젝트였다. 2006년 인천의 젊은 설치미술가가 제안 공모에 신청하여 본격적으로 시작된 사업으로, 사업성과가 좋아 2007년에도 시행되었고 2008년부터는 사업비를 인천도시개발공사에서 지원받음으로써 확대된 사업이다. 2008년부터는 2개교로 확대하고 2009년에는 다시 3개교로 확대하여 역시 제안 공모를 받아 예술가들에게 지원하는 방식으로 사업이 진행되었다. 이 사업은 예술가들이 일방적으로 교문을 바꾸는 것이 아니라 교사와 학생, 학부모들의 참여를 유도하여 이들이 예술가들과 함께 새로운 교문의 콘셉트와 모양을 도출하는 식으로 진행되었다. 시민들이 주요하게 참여할 수 있는 영역을 마련한 것이다. 학교는 학생뿐만 아니라 지역 공동체에서 매우 중요한 공간인데 그런 학교를 상징하는 교문이 모두 획일적인 모습을 하고 있으므로 이를 주민들과 학생들이 예술가와 함께 새로운 모습으로 바꿔간다는 기획은 주민들 스스로 예술에 대한 생각을 바꾸고 주민들 자신이 속한 마을의 모습을 바꿀 수 있다는 기대를 주는 점에서 매우 의미 있는 사업이었다.

교문프로젝트는 나름대로 성과를 거두었지만 다른 공공미술프로젝트는 사업이 거듭 진행되면서 그 성과는 기대한 것만큼 크게 나타나지 않는 것으로 평가되고 있다. 제안 공모 방식이 처음에는 예술가들의 자발성과 기획력을 이끌어내는 좋은 모델이었다고 판단했지만 몇 년에 걸쳐 사업이 지속되는 과정에서 오히려 제안된 사업들이 매너리즘에 빠지는 경우가 늘어나는 문제를 보였던 것이다. 이는 예술가들이 주민과 함께 하는 사업 방식에 아직 익숙하지 못한 것은 아닌가 하는 판단을 하게 한다. 결국 이 사업 역시 몇 년간의 성과를 점검하면서 시민들이 참여하는 다른 방식의 틀을 고민해야 하는 과제를 제기하고 있다.

3. 시민 중심의 문화사업 모델

인천의 사례에서 보듯이 시민들이 중심이 되는 문화사업은 단기간 안에 성과를 내는 것은 아니다. 시민 문화활동이 다양한 층위와 지역에서 활발하게 이루어지고 시민 문화활동에 참여하고 즐기려는 계층이 두텁게 형성되는 일이 무엇보다 중요하다. 그리고 그것은 오랜 시간의 성과들이 지속적으로 축적되어야 가능한 일이기도 하다. 그럼에도 불구하고 이와 같은 사례를 점검하면서 시민들이 중심이 되는 문화사업의 모델은 몇 가지로 정리할 수 있다.

3.1 주체적 향유자로서 시민

첫 번째는 주체적 수용자, 능동적 향유자로서 지역문화의 중심으로 시민이 활동할 수 있는 영역을 기획하고 개발하는 일이다. 지역문화의 건강한 발전을 위해서는 주체적이고 능동적인 향유자인 시민이 없어서는 불가능하다. 주체적이고 능동적인 향유자로서 시민이 존재하면 지역이라는 울타리 안에 매너리즘과 향토주의에 빠진 문화예술인들도 바뀔 수 있다. 문화예술의 단순한 수동적 존재이자 일방적인 수용자로서 시민이 아니라 능동적인 향유자가 될 때 지역문화는 꽃피울 수 있다.

그런 사업의 유형은 다양할 수 있다. 일종의 문화 소비자 운동이나 앞에서 거론한 문화컨설팅단의 조직도 한 대안이다. 2011년부터 새롭게 시작되는 문화 바우처 사업 역시 조금 더 기획력이 갖춰진다면 주체적 향유자를 키워내는 사업으로 발전시킬 수 있다. 다만 어떤 사업을 시행하더라도 시민들이 능동적으로 참여할 수 있는 계기를 찾아내는 것이 중요하다. 발달한 인터넷 미디어를 통해 그런 자발성을 자연스럽게 유도할 수 있는 방안도 있을 텐데 이는 앞으로 더 생각해 볼

과제이다. 아울러 문화협동조합 모델도 생각해 볼 수 있다. 협동조합이
란 것은 조합원이 스스로 주체이고 일정한 권한과 책임을 공유하는 제
도이다. 문화 영역에 협동조합 방식을 도입하는 것은 최근 사회적 기
업과 함께 새로운 정책 흐름으로 제기되고 있는 상황이다.

3.2 비판적 개입자로서의 시민

두 번째는 비판적 개입자로서 시민이 참여하는 문화사업의 기획이다.
이 영역에서는 시민과 문화예술인이 함께 참여하는 다양한 사업의 기
획이 가능하다. 시민들을 향유자로부터 조금 더 적극적으로 지역문화에
개입하는 능동적 참여자로 조직하는 사업들이다. 물론 그것은 참여를
통해 문화예술을 누리고 삶을 풍요롭게 하는 일과 연결되어 있다. 공공
미술프로젝트나 다양한 참여형 교육 사업들을 생각해 볼 수 있다. 그렇
지만 교육 사업이라고 해도 시민들이 일방적으로 대상화되는 것은 이
런 사업의 범주에 들어가지 않는다. 스스로 주체라고 느끼고 참여할 때
가능한 것이다. 전문가, 문화예술인들이 그런 시민들과 함께 함으로써
자신의 창작과 문화활동에 긍정적인 충격과 긴장을 줄 수도 있다. 인천
문화재단은 문화나눔 사업이라는 지원사업 영역을 신설하여 예술가와
시민이 함께 하는 사업에 지원하고 있는데 여전히 해결해야 할 과제는
많다.

오히려 그런 공모형 지원사업보다는 시민과 전문예술인, 그리고 문
화매개자가 동시에 참여하는 기획 공연이나 기획 전시를 통해 시민이
비판적으로 개입하는 사업 모델이 더 의미 있는 것으로 보이기도 한다.

그러나 여기에도 모범 답안이 있는 것은 아니다. 다양한 경우와 사례가 있으므로 열려있는 방식으로 고민이 지속되어야 할 것이다.

3.3 즐거운 창조자로서의 시민

마지막으로 즐거운 창조자로서 시민들이 중심이 되는 사업이다. 주5일 근무제도의 정착과 고령화 사회의 도래로 일상생활과 생애주기에서 여가는 더욱 늘어났다. 주말 여가시간이 늘었고 직업에서 은퇴 이후 살아가야 할 시간도 늘어난 것이다. 그런 점에서 이제 여가를 어떻게 잘 활용하는가가 행복한 삶의 조건이 될 정도이다. 문화는 그런 여가를 풍요롭게 하는 주요한 계기이다. 시민들이 스스로 영화를 만들고 연극을 만들고 그림을 그리고 사진을 찍고 책을 쓰는 일이 불가능한 것만은 아니다. 그런 창조 작업에 참여하면서 시민들은 스스로의 정체성과 존재감을 느낄 수 있다. 발랄한 상상력으로 다양한 창의적 활동을 하면서 시민들이 여가를 보낼 수 있는 것은 건강한 공동체의 발전을 위해서도 필요한 일이다.

그런 시민들을 지원하고 그런 일들이 더욱 장려될 수 있도록 하는 것은 지역 문화발전의 측면에서도 매우 중요한 일이다. 섣부른 기대를 버리고 다양한 지원사업을 꾸준히 진행해갈 때 성과는 점차 쌓여 나갈 수 있을 것이다.

2010년 인천문화재단이 시범적으로 실시한 동아리 축제와 시민왈츠 공연이 그 사례가 될 수 있는데 아직 초보적인 걸음마 단계인 점은 부인하기 어렵다. 아울러 2010년에는 인천시장과 일부 구청장들이 연극

배우로 출연하여 '어린왕자'라는 연극을 무대에 올렸는데 그 역시 시민이 문화의 주체가 되는 시범을 보이기 위한 의도에서 출발한 것이었다. 자치단체장이 출연한 연극은 비교적 성황을 거두었지만 평범한 시민들이 주체가 되는 공연이 조금 더 확산되기 위해 노력해야 할 것이다.

4. 과제와 시사점

인천에는 재미있는 문화동아리가 있다. '문화놀이터'가 그것인데 이곳은 말 그대로 시민들의 자발적인 문화동아리 모임이다. 이들은 이곳에 정기적으로 모여 기타도 치고 노래도 부르며 그림도 그린다. 자기가 가입하고 싶은 동아리에 참여해서 여러 활동을 하고 1년에 한 번씩 자신들만의 축제도 연다. 이들은 이곳에서 그동안 일상에서 체험하지 못했던 자신의 존재감을 느낀다. 그런 활동을 통해 새로운 삶의 방식을 발견하는 사람들이 많다. 허름하지만 자신들만의 공간을 만들기도 했다.

한편 이들 동아리와 밀접한 관련을 맺고 있는 단체가 인천시민문화예술센터이다. 이들은 '문화바람'이라는 이름으로 회원들에게 매달 회비를 받아 활동하면서 회원들이 보고 싶은 공연을 정기적으로 직접 초청하여 인천에서 공연을 관람한 적도 있다. 자신들의 돈을 모아 자신들이 보고 싶은 공연을 직접 관람하는 색다른 방식의 관람 문화를 만들어 가는 사례를 보여준 것이다. 능동적이고 주체적인 향유자인 시민들이 어떤 사업을 할 수 있는가를 보여준 모범이었다. 이는 건강한 문화 소비자 운동 혹은 문화협동조합의 초기적인 모습이라고 볼 수도 있다. 일본만 하더라도 이런 모임들이 적지 않다고 한다.

사실, 따지고 보면 이런 모임들이 많이 늘어나는 것이 시민들이 중심이 되는 지역문화가 가야 할 길이라고 할 수 있다. 그렇다면 어떻게 이런 모임들을 활성화시킬 것인가. 재정적인 지원을 하겠다고 섣불리 달려드는 일이 만능이라고 볼 수 없다. 자칫 잘못하면 시민들의 자발성을 깨버리는 일이 될 수도 있겠기 때문이다. 공간을 만들어 제공하는 것도 마찬가지이다. 그런 자발적인 모임이 확대되고 늘어날 수 있는 방안을 찾는 일이 어떻게 보면 구체적인 현장에서 정작 필요한 일이라고 할 수 있다.

현재 지역문화 현장에서 시민이 주체가 되는 문화사업은 두 갈래로 진행되고 있다. 공동체 예술(community arts)과 문화기반형 마을 만들기 사업이 그것이다. 공동체 예술이 비교적 예술적 성향이 강한 유형이라면 마을 만들기 사업은 문화를 활용한 일종의 주민참여형 도시계획 사업이라고 할 수 있다.

인천문화재단이 추진하고 있는 문화도시공동체 프로젝트는 공동체 예술의 가능성과 마을 만들기 사업의 영역을 시험해 보는 일이기도 하다. 그간의 인천문화재단이 일궈낸 성과를 점검하면서 인천의 구체적인 도시 공간을 대상으로 공동체 예술의 가능성과 문화예술 기반형 마을 만들기 사업의 가능성을 집중적으로 모색할 예정이다.

그런데 이런 사업을 추진할 때에 지역의 특성, 주민과 공동체를 이해하는 기획자가 그렇게 많지 않다는 게 문제이다. 시민들도 아직 방관자에 머물러 있는 경우가 대다수이다. 구상과 기획이 있다 하더라도 지역 주민이 충분히 이해하지 않으면 사업은 실패로 돌아갈 가능성도 없지 않다. 주민은 단순한 방관자로 머무르려 하고 예술가는 자기 기획 안에서만 주민을 만나려 한다는 것이 이 사업이 해결해야 할 과제이다. 따라서 이런 사업은 1회적이기보다 장기적 전망과 계획을 갖고 단계적으로 추진해 가는 것이 바람직하다고 할 수 있다. 어떤 성과를 거둘 것인가 관심과 애정을 갖고 지켜 볼 일이다.

대학의 역할과 새로운 문화인력의 대두

1. 무엇을 말하고자 하는가

이 글은 2000년대 들어와 새롭게 변화하는 현실에 주목하면서 그런 현실이 요구하는 인력을 대학이 어떻게 양성할 수 있을 것인가를 중심으로 개인적인 의견을 정리한 것이다. 특히 이곳에서 관심을 갖고 살펴볼 영역은 일반적으로 우리가 '문화'라고 지칭하는 분야이다. '문화'를 어떻게 정의하고 그것이 대상으로 하는 현실의 영역을 따져보는 일 역시 중요하게 검토해야 할 사안이긴 하지만 일단 효율적인 토론을 위해 여기에서 그 문제는 잠시 제쳐 두기로 한다. 앞으로 논의를 전개해 가면서 이 문제도 함께 다뤄질 기회는 있을 것이다.

대학은 학문을 연구하는 곳이고 지속적으로 학문 후속 세대를 키워냄으로써 사회가 지향하는 바람직한 공동체를 가꿔가는 데 기여하는 것을 주요 목적으로 한다. 학문 연구를 통해 사회에 기여하는 것이 대학 본연의 사명인 것이다. 그렇지만 동시에 대학은 그 사회가 필요로 하는 전문 인력을 양성하여 배출하는 것 또한 주요한 목적으로 삼는다. 그렇게 보았을 때 오늘날 문화 분야와 관련하여 대학에서 나타나고 있는 현상은 그리 만족스러워 보이지 않는다. 여러 대학에서 경쟁적으로 설치되고 있는 문화 경영대학원, 혹은 문화산업대학원은 대학의 생존 논리에 의해 문화를 경제적 풍요로움을 달성하기 위한 수단과 기능으로 전락시키고 있다는 느낌이 강하다. 기능적인 전문인들이 양성되고 있지만 정작 '문화'를 이해하는 사람들은 많지 않다는 것이 솔직한 생각이다. 다른 한편 기존의 인문학은 분과학문 체제, 혹은 기존의 학문 제도에 안주하면서 변화하는 현실에 능동적인 대응을 하고 있지 못하는 것 같다. 어떻게 보면 현실의 변화 자체를 대학이 두려워하는 것 같은 느낌이 드는 것도 사실이다. 현실과 연계된 긴장감을 상실하면서 인문학은 학문 연구의 의미와 목적을 어디에서 찾아야 할 것인가를 놓고 갈피를 잡지 못하고 있는 것은 아닌가, 우리 시대 인문학의 새로운 방향에 대해 다시 심사숙고할 때는 아닌가 하는 것이 현장의 감각을 갖고 있는 사람의 솔직한 생각이다.

그런데 이 글은 새로운 인문학 연구나 대학의 학문 정책을 전면적으로 다루려는 것은 아니다. 서두에서도 언급했듯이 변화하는 문화 현실을 소개하고 그것이 어떤 현실적 의미를 갖는지, 그리고 현실이 변화하는 것에 따라 대학이 어떻게 대응할 수 있을 것인지, 특히 지역의 대학에게 그런 변화가 어떤 기회가 될 수 있을 것인지를 구체적인 사례나 제안을 중심으로 말해보려고 하는 것이다. 더구나 위기에 처한 인문학이 이런 변화 가운데에서 어떤 새로운 역할을 함으로써 다시 현실과 건강한 긴장감을 회복하고 자기 역할을 정립할 수 있을 것인지 실제 액션 플랜을 중심으로 생각해 보는 계기로 삼고자 한다.

2. 문화 환경이 변하고 있다

한국 사회에서 흔히 '문화'라는 영역이 왜 문제가 되고 그것이 현실의 어떤 변화와 함께 연계되어 있는지, 그리고 어떤 역사적 연원을 갖고 있고 그것의 사회적 의미는 무엇인지를 말하려면 참으로 많은 논의를 필요로 한다. 경제 성장으로 인한 소득증대와 여가 시간의 확대, 삶의 질에 대한 시민 사회의 요구 증대, 87년 체제 이후 새롭게 등장한 문화 지형의 변화와, 역시 87년 체제 이후 제도권 내에서 의미를 갖게 된 '공공정책'과 새로운 거버넌스(governance)의 등장, 지방자치제도의 정착과 지방분권화의 진행, 디지털 문명과 인터넷의 등장, 자본의 글로벌화와 새로운 성장모델로서 문화 산업의 등장 등이 그 내부에 복잡하게 얽혀 있을 것이다. 우리 주위에서 지금 이 시간에도 벌어지고 있는 문화적 사건들은 알게 모르게 위에서 나열한 그런 문제들과 연결되어 있다.

그렇지만 그런 세세한 분석은 일단 차치하더라도 변화하는 문화현실의 국면들을 이 자리에서 몇 가지만이라도 나열해보면서 이야기를 이끌어 가보도록 하자. 2004년 인천에서는 인천문화재단이 출범하였고

2007년 3월 자치구로서는 전국에서 두 번째로 인천에서 부평문화재단
이 출범하였다. 문화재단은 서울, 경기, 강원, 광주, 제주와 같은 광역
자치단체 이외에 서울시 중구, 경기도 성남, 고양, 안산, 부천, 전북 전
주 등과 같은 기초자치단체에도 설립되어 있다. 거의 대부분의 광역자
치단체들에서 문화재단이 출범했거나 출범을 준비중인 상황이다. 아마
이런 추세는 더욱 확대될 것이 분명하다. 이들 문화재단은 지역문화예
술을 지원하거나(광역문화재단) 혹은 주요한 문화시설을 운영할 목적(기초
자치단체 문화재단)으로 설립되고 있다. 이미 중앙정부는 이 같은 문화예
술 지원을 위한 순수 민간기구로 한국문화예술위원회를 2005년에 출
범시키기도 했다. 게다가 국회와 문화관광부는 지역문화진흥법을 제정
하기 위해 지속적으로 논의하고 있는 상황이다. 과거 관의 영역에 머
물러 있던 문화를 민간의 전문 영역으로 돌리기 위한 시도가 우리나라
에서도 본격적으로 시동을 건 셈이다. 그러나 민간의 전문 영역이 과
연 충분히 준비 되었는가를 따져 보면 그렇지 못하다는 것이 솔직한
느낌이다. 어느 지역이고 준비된 전문 인력은 별로 없는 상태이기 때
문이다. 민간 문화 영역을 활성화시키기 위해서는 재정의 지원이나 제
도 개선도 중요하지만 그런 일을 충분히 수행할 수 있는 인력이 존재
하지 않으면 그 성과를 기대하기 어렵다.

이외에 지역마다 존재하는 많은 공공의 문화시설들은 점차 민간 전
문 기관에 위탁되어 운영되는 추세이다. 새로 건립되는 대부분의 공공
문화시설들은 그 규모의 대소를 떠나 민간 기관에 위탁되어 운영되거
나 독립법인 형태로 운영되고 있다. 즉, 과거처럼 공무원들이 직접 운
영하는 모델은 이제 사라지고 있는 것이다. 가장 일찍 세종문화회관이

법인으로 전환되었고 경기도 예술의 전당이 2006년에 법인으로 전환하였다. 전주에 있는 한국 소리문화의 전당은 해당 지역의 대학교가 위탁 받아 운영중이다. 새로 문을 여는 공공문화시설들은 대부분 이렇게 법인이나 민간의 전문기관에 위탁되어 운영되는 것이 이제 대세이다. 미술관, 박물관, 공연장, 문화의 집, 문학관, 미디어센터, 작은 도서관 등 대부분의 시설들 역시 마찬가지이다. 문화 영역의 특수성을 고려하여 문화적 전문성과 자율성을 갖고 운영될 수 있도록 하는 한편으로 (지방)정부의 기능을 민간 전문 영역과 함께 나눔으로써 정부 조직의 운영을 효율화하는 새로운 형태의 거버넌스는 이제 거스를 수 없는 추세이다. 이런 시설들은 모두 전문 인력을 필요로 한다. 시설을 운영하고 프로그램을 기획할 전문 인력의 수요는 급증하고 있다.

그런데 이 같은 문화시설 이외에도 문화예술교육지원법에 의해 새로 설치되고 있는 문화예술교육지원센터나 문화·복지 통합서비스 사업 역시 마찬가지이다. 문화예술교육지원센터는 현재 거의 모든 광역자치단체에서 설립되어 운영되고 있다. 대부분 국비와 지방비를 함께 투입해서 문화예술 분야의 어린이, 청소년을 비롯한 일반인들이 문화 향유와 창의력을 높이는 방안을 개발하고 사업을 진행하고 있다. 단순한 행정지원기관에 머물던 주민자치센터 역시 문화복지통합서비스센터로의 전환이 적극적으로 검토 중에 있다. 이런 사업들은 일정한 시간이 지나 성과가 축적되면 아마도 안정적인 기관으로 정착될 것으로 예상된다. 미디어센터도 마찬가지이다. 이렇게 문화 분야의 여러 영역에서 공공의 역할이 강화됨에 따라 이런 영역에서 문화를 전담할 전문 인력의 수요는 더욱 늘어날 것이다. 학교나 복지기관에 파견 강사로 일할 사람들, 지원센터에서 교육프로그램을 기획하고 관련 사업을 운영할 인력은 현실적으로 매우 부족하다.

따지고 보면 지역 축제나 지역의 공공도서관, 각종 문화센터에서도 문화인력은 매우 필요하다. 지방자치제가 전면적으로 실시되면서 지역마다 축제가 우후죽순격으로 늘어나고 있는 것은 문제이지만 제대로 된 지역 축제가 지역을 활성화시키는 긍정적 효과를 낳는다는 점에 대해서는 거의 이견이 없다. 그럼에도 불구하고 지역 마다 축제를 기획하고 수행할 수 있는 인력은 많지 않은 실정이다. 한편, 공공도서관은 단순히 책을 보관하고 대출하는 기능에서 탈피해 평생학습관으로 전환 중에 있다. 공공도서관은 각종 평생학습프로그램을 운영하고 있는데 상당 부분이 문화 관련 강좌들이다. 복지회관 역시 마찬가지이다. 문화예술의 교육적 효과와 치유적 효과 때문에 복지회관에서는 복지 서비스를 문화프로그램과 연동하여 실시하고자 고민하는 중이다.

이런 추세는 민간영역에서 문화 산업에 대한 투자가 확대되는 것과는 별도로 새로운 문화 전문인력의 사회적 수요 역시 상당한 정도에 이르고 있음을 의미한다. 이렇게 된 것은 이 절의 앞에서 언급한 바와 같이 현실의 여러 변화와 연관되어 있다.

3. 새로운 유형의 문화인력이 필요하다

일반적으로 문화의 개념은 인간이 다른 동물 종과는 다르게 자연 속에서 인간으로 존재하도록 하는 일체의 유형적 무형적 창조 활동이나 활동의 결과를 지칭한다. 인간이 인간으로 존재하기 위해 자연을 변형하고 가공하는 일체의 결과물과 과정을 보통 문화라고 지칭한다. 즉 인간적 삶의 양식 일체를 문화라고 하는데, 그렇지만 이런 문화의 개념은 그 외연과 내포가 너무 커서 어떤 대상을 구체적으로 해명하고 탐구하는 데에 유용한 도구가 되기 힘들다.

다른 한편 문화를 예술로 이해하는 시각도 존재한다. 흔히 '문화예술'이라는 말에는 문화와 예술을 등치시켜 생각하는 사고방식이 잠재되어 있다(우리나라에서 문화분야의 母法이라고 할 수 있는 법률의 명칭이 '문화예술진흥법'이며 많은 자치단체의 행정조직에도 '문화예술과'가 설치되어 있다). 예술이란 인간의 문화활동이 특정 시대와 지역에서 가장 정련된 내용과 형식으로 응축된 결과물을 지칭한다. 그런데 그렇다고 해서 문화 일반을 곧바로 예술로 이해하기는 힘들다. 예술은 문화와 밀접한 영역을 갖는 것이기는 하지만 문화 일반과는 구분되는 그것만의 자율적인 논리와 형식을 갖고 있기 때문이다. 장구한 시간에 걸쳐 문화의 특정한 영역이 발전하고 분화되어 자기 스스로의 자립적 영역을 확보하여 오늘에 이른 것이 예술의 영역일 것이다.

그런 점에서 여기에서 말하고자 하는 문화 개념은 넓은 의미의 문화 개념과도 다르고, 그렇다고 예술 일반을 지칭하는 것도 아니다. 예술 영역을 포괄하면서도 특정 장르의 예술로 귀속되지 않는, 삶의 양식인 문화와 무관하지 않으면서도 지나치게 포괄적이지 않은 그 사이에 있는 개념이다. 여기에서 말하는 문화는 문화의 주체 형성적(形成的) 기능, 구성적(構成的) 기능에 주목하면서 예술과 사회의 관련성을 전체성(全體性)의 관점에서 이해하는 태도를 지향한다. 다시 말해 우리가 살아가는 시대와 사회를 전체성의 관점에서 이해하는 인문적 상상력과 창의성을 주요 특징으로 하되 그것이 인간에게 주체 형성적으로 작동하는 것을 가리킨다.

예컨대 이런 것들이다. 최근 문화는 새로운 컨버전스(convergence), 즉 융합의 시대를 맞고 있다고들 한다. 나는 이 융합이 기술과 장르, 지역의 영역에서 모두 진행된다고 이해하는데, 기술적인 면에서는 방송과 통신, 인터넷의 융합이, 장르 면에서는 각 예술 장르의 통합과 융합, 더 나아가 대중문화와 기초예술(순수예술)의 융합이, 지역적으로는 국가와 민족의 경계가 허물어지고 소통이 더욱 강화되는 새로운 지역 융합이 진행되고 있다고 생각한다. 물론 기술과 장르, 지역 상호간의 융합 역시 진행된다. 새로운 문화적 콘텐츠들이 새로운 기술을 기반으로 지역의 경계를 허물고 넘나드는 것이 지금 현재와 앞으로의 미래에 등장하고 있는 문화적 양태들이다.

그런 점에서 앞 절에서 언급한 부분과 연관지어 생각해 본다면 앞으로 요청되는 문화인력이란 장르 융합적이며 통합적인 문화 향수력과 인문적 창의성을 갖는 사람들이어야 한다. 그렇다고 해서 전문 예술인이 필요 없어졌다는 말은 결코 아니다. 전문 예술가는 예술가 나름의 예술적 창조 행위를 지속할 것이며 그런 노력들 역시 필요에 따라 혹은 표현의 새로운 영역을 창조함으로써 시대에 적절하게 대응하여 존재해 갈 것이다. 그런 점에서 여기에서 말하고자 하는 새로운 문화인력의 수요는 일종의 블루 오션(blue ocean)이다. 다른 어느 영역을 침해하고 빼앗는 것이 아니라 무경쟁의 새로운 영역이 창출되는 것이다. 문화와 예술에 대한 통합적 향수력을 갖고 인문적 창의성을 갖는 사람들,

시대와 지역을 이해하면서 지역이 요구하는 문화 프로그램을 기획하는 능력을 갖춘 사람들의 존재가 바로 그것이다.

이런 인력은 문화 생태계의 개념을 생각하면 그 필요성이 더욱 분명히 이해된다. 문화 영역은 자연 환경과 마찬가지로 생태계적 순환논리를 갖고 있다. 그 성과가 단번에 나타나지 않으며 오랜 시간에 걸쳐 가꿔가야 하는, 그러면서도 구성 요소들이 연쇄 사슬처럼 맺어져 있다는 점에서 문화 영역은 자연 생태계와 닮은꼴을 갖고 있다. 이런 문화 생태계의 관점에서 보았을 때 문화 환경을 이해하면서 생산자, 혹은 예술가와 수용자를 적극적으로 매개하는 문화 매개자·문화 촉매자가 바로 이들의 역할이라고 할 수 있다. 이들은 문화 환경을 고려하면서 생산자, 혹은 예술가들의 요구와 특성을 이해하고 수용자의 수요와 요구를 적극적으로 소통시켜 문화 생태계가 선순환적 기능을 할 수 있도록 돕는 역할을 한다. 여기에서 말하는 문화 환경이란 문화 시설, 문화적 제도와 여건, 문화활동이 일어나는 지역 등을 폭넓게 가리킨다. 그렇게 해서 문화 촉매자들은 특정한 문화 기획이나 프로그램이 그것이 요구하는 시설이나 환경적 조건에서 가장 잘 활용되고 운영될 수 있도록 생산자와 수용자를 조직해내는 역할을 하는 것이다. 물론 때로는 문화 환경을 변화시키는 일에 능동적으로 개입하기도 하고 창조자와 수용자를 적극적으로 매개시킴으로써 이들의 변화에 영향을 미치기도 한다.

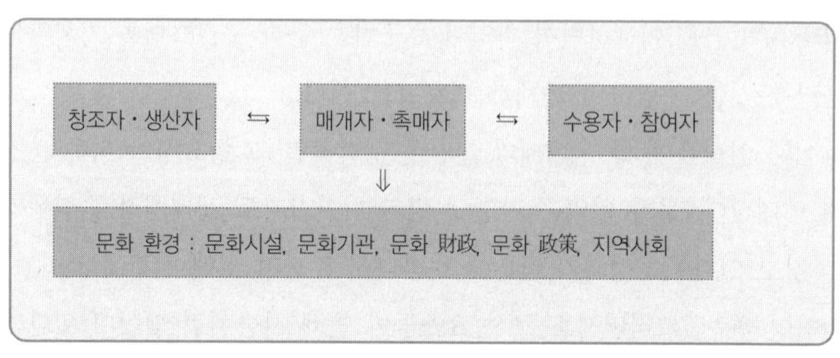

[그림-1] 문화 매개자의 역할

위 [그림-1]에서 볼 수 있듯이 문화 매개자는 창조자, 수용자, 환경에 개입하여 문화가 이들 사이에 선순환 구조로 순환할 수 있도록 도우며 결국 한 사회의 문화가 성숙할 수 있도록 촉진하는 역할을 한다.

그렇다면 이런 인력은 어떤 자질을 갖춰야 하는가. 앞에서도 여러 차례 언급한 바와도 같이 문화와 예술에 대한 통합적 향수력과 인문적 창의성을 기반으로 하면서 문화적 기획력을 갖고 있는 능동적인 사람이어야 한다. 더 나아가 자신이 활동하는 지역에 대한 이해와 열정, 예술가와 시민, 관료, 기업을 이해하는 네트워커로서의 자질 역시 필요하다. 인간과 사회에 대한 폭넓은 이해와 관심을 갖고 있지 않고서는 이런 역할을 원만히 수행해 나가기 쉽지 않다. 이런 자질을 기반으로 하되 궁극적으로는 문화 기획자로서 창의적인 기획 능력이 필수적으로 요구되는 것이다. 요컨대 인문적 교양을 갖춘 멀티플 플레이어가 그들이라고 할 수 있다.

그런데 문제는 이 같은 새로운 인력을 체계적으로 양성할 여건이 현재 어떤 교육기관에도 제대로 갖춰져 있지 못하다는 데에 있다. 아울러 이처럼 변화하는 현실을 분석하고 연구할 수 있을 만한 만족스런 연구 환경을 갖춘 대학도 현재로서는 찾아보기 힘들다. 대학은 변화하지 않는 것은 아니지만 그 속도는 매우 느리다. 여전히 분과 학문을 중심으로 한, 학과 편제에서 벗어나지 못한 채 새로운 환경과 현실 변화에 능동적으로 대처하지 못하고 있다. 일부에서 문화 경영 대학원이나 문화산업 대학원이 설치되고 있기는 하지만 대부분 기능인을 양성하기 위한 특수 야간대학원의 성격이 강하며 순수 학술 연구를 위한 대학원은 별로 없다.

2006년 현재 문화 관련 대학원 설치 형태를 살펴보면 문화산업(관련)대학원(3개), 경영대학원(3개), 문화(예술)대학원(7개), 행정 및 정책대학원(3개), 언론홍보대학원(1개), 기타(1개)로 총 18개의 학위과정이 설치되어 있다. 시점에 따라 정확한 수치는 조금 달라질 수 있다. 그런데 이들 대학원은 통합적 문화 향수력, 인문적 상상력에 토대를 둔 창의성 있는 문화 전문 인력을 키워내는 데에는 만족스런 수준에 이른 것으로 보이지 않는다. 연구 능력이 충분히 확보된 것도 아니고 지역 사회와 연계를 맺고 있지도 못하다. 이 외에 몇몇 대학이 협동과정으로 문화론 혹은 문화예술의 실무적 과정을 설치하여 운영하고 있다. 서울대학교와 연세대학교가 그 사례이다. 그러나 이 역시 문화 이론 연구에만 충실하거나 아니면 실무 능력을 키우는 방향으로만 교육의 초점이 맞춰져 있다.

결국 문화적 공공성과 사회적 가치에 대한 이해를 중요시 여기면서 촉매자, 매개자로서 문화인력을 키워내고 현실의 문화 흐름을 연구할 수 있는 연구자를 양성하는 기관은 많지 않은 형편이다. 더구나 눈을 지역으로 돌려 보면 그 상황은 더욱 심각하다.

4. 대학에서 지역을 이해하는 문화인력을 키워야 한다

새로운 창의성을 가진 인재들이 지역에 더 많이 필요할 것은 말할 나위도 없다. 앞에서 언급한 문화 환경의 변화를 고려하고 더구나 지역이 삶의 구체적 현장임을 감안한다면 지역을 제대로 이해하면서 기존의 지역문화를 지금까지와는 질적으로 다른 차원에서 융성 발전시켜갈 문화전문가의 필요는 매우 절실한 바가 있다. 아무리 뛰어난 인재들이라 하더라도 지역에 대한 이해와 열정이 없으면 일하기 어려운 것도 사실이다.

그럼에도 불구하고 이런 인력을 양성할 수 있는 여건이 조성되지 못한 것이 현재의 지역 현실이다. 그런 점에서 지역에 토대를 둔 거점형 대학들의 역할은 막중하다 하지 않을 수 없다. 지역과 소통하면서 지역이 필요로 하는 인재를 능동적으로 키워내야 할 의무가 지역 대학교에 있다고 할 때, 이런 문화 인력의 양성을 위한 체계적인 연구와 교육 프로그램은 학교에도 또 지역 사회에도 새로운 기회를 제공할 것으로 기대된다.

그런 점에서 새로운 문화 인력을 키워낼 수 있는 몇 가지 구체적인 정책 대안을 이곳에서 간략히 정리해 제안해 보고자 한다. 대안을 제시하면서 주요하게 고려한 큰 방향은 첫째, 인문학적 창의성에 토대를 둔 문화전문가 양성, 둘째, 지역을 이해하는 지역인재 양성, 셋째, 국내외 여러 지역과 네트워크 체제를 구축함으로써 국제적 감각을 갖춘 미래의 전문가 양성을 염두에 두었다. 아래에 나열된 항목 이외에도 여러 가지 제안하고 실천할 수 있는 내용은 많다. 그러나 이런 내용을 제안하기 이전에 강조하고 싶은 것은 실천 의지이고 여건을 능동적으로 조성해 가는 지혜로운 노력일 것이다.

4.1 공동 커리큘럼 개발 및 운영

─다양한 형태의 교육과 인재 양성을 위해서는 공동 커리큘럼 개발이 이루어져야 한다. 여기에서 커리큘럼이란 학부, 대학원, 기타 영역을 각각 염두에 둔 서로 다른 커리큘럼을 뜻한다. 인문학적 창의성과 지역에 대한 이해, 문화 전반에 대한 통합적 이해와 문화 현장에 대한 참여, 디지털 문화와 영상 문화에 대한 이해, 아시아를 비롯한 각국의 문화에 대한 이해 등이 다양한 커리큘럼으로 기획되고 개발될 수 있을 것이다.

4.2 대학원 협동 과정 개설

─인문대학을 중심으로 대학원 협동 과정을 개설함으로써 위와 같은 커리큘럼을 시범적으로 시행하고 지역에서 우선적으로 필요로 하는 인재들을 키워가는 여건을 조기에 조성할 필요가 있다. 지역의 문화 기관과 공동으로 협동 과정을 운영하는 것도 가능하며 문화 특강 등을 설치하여 국내외 주요 문화 동향을 점검하는 기회로도 삼을 수 있다.

4.3 문화 인턴 실시

−외부 관련 기관과 공동으로 학부 재학생이나 대학원생을 중심으로 문화인턴제를 실시할 수 있다. 이것은 지역의 문화 기관, 축제 조직위 등과 협력망을 구축하여 현장의 문화적 흐름을 이해하는 데에도 도움이 될 수 있을 뿐만 아니라 지역 문화계와 실질적 네트워크를 만들어낼 수 있는 기회도 될 것이다.

4.4 방학 중 특별 캠프 운영

−여름과 겨울 방학 동안 다양한 방식의 문화 아카데미 과정을 개설할 수 있으며 초, 중, 고교 교사들의 직무 연수과정을 지역문화기관과 함께 개설, 운영할 수 있다. 청소년을 위한 문화 캠프 역시 외부 기관과 함께 기획하여 시행할 수도 있다.

4.5 국제 문화 교류 프로그램 운영

−국제 학술 심포지엄을 비롯해 여러 방식의 교류프로그램 기획이 가능하다. 각 도시간 축제에 상호 참여하는 것, 외국 대학과 공동 커리큘럼 개발을 통해 각국의 문화 정책, 문화콘텐츠에 대한 이해를 도울 수도 있다.

4.6 전문 연구소 개설 혹은 기존 연구소의 개편

−문화 연구를 위한 전문 연구소를 개설하거나 기존 연구소를 확대

개편할 수 있다. 필요할 경우 외부 기관과 공동으로 연구소 운영을 시도할 수 있으며 아시아 중요 연구소들과 협약을 체결하여 공동 연구과제를 개발, 진행할 수 있다. 이 같은 연구소는 외부 연구 용역을 수행함으로써 일부 재정 수입의 효과를 기대할 수 있으며 관련 재단 등의 프로젝트 기획 및 수행도 가능할 수 있다. 문화연구총서 발간과 학술지 발간을 연구소를 통해 수행하는 것도 가능하다.

4.7 문화예술 재교육 프로그램 실시

－기존의 문화 기관이나 시설, 기업에 종사하는 사람들을 대상으로 재교육 프로그램을 만들어 지역의 문화 예술 역량을 강화하고 대학의 위상을 높일 수 있는 방법도 있다. 일정한 여건을 갖추면 수료증을 수여함으로써 교육 과정의 공신력을 높일 수 있다.

4.8 문화 전문가 워크숍 실시

－지역 내외의 전문가들을 초청하여 주요 현안을 논의하고 토론하는 워크숍을 개최한다. 워크숍은 지역 내외의 문화적 이슈를 제기하고 워크숍에 참여하는 사람들에게 교육적 효과를 가져다주며 지역에 문화적 현안들을 환기시키는 의미도 있다.

4.9 전문 대학원 설립

－궁극적으로는 전문 인력과 연구자 양성을 위한 대학원 설립이 필

요하다. 학교 여건에 맞게 전문 대학원이나 일반대학원 혹은 특수 대학원 설립을 통해 인력을 배출하고 연구자를 양성함으로써 위에서 언급한 여러 사업을 수행할 수 있는 기관으로 지역 사회에 자리 잡는 것이다. 대학원의 설립은 외부 전문 기관과 컨소시엄으로 공동으로 설립하는 것도 검토해 볼 수 있다.

축제가 어떻게 지역문화를 바꾸는가

－수도권 대도시 축제의 사례를 중심으로

1. 들어가며

이 글은 지역 축제를 다루는 글이기는 하지만 모든 지역 축제를 거론하는 것은 아니다. 물론 모든 개별 축제를 검토한다는 것이 능사는 아니다. 한국의 축제는 너무 다종다양해서 어떻게든 규정하고 분류해서 해석하고 판단을 내리는 일이 불가능해 보인다. 게다가 아직까지는 그에 대한 기초 연구나 선행 연구도 부족해서 한국 축제 전반을 검토하기에는 너무나 많은 노력과 시간을 필요로 한다. 한국의 축제는 좋게 말한다면 매우 역동적이고, 조금 나쁘게 말해서 그 지향점을 쉽게 판단하기 어려울 정도로 제각각이다.

아직까지 축제문화가 정착되지 못한 탓이 크기 때문에 그럴 것이다. 축제가 지금처럼 지역마다 일반화되고 일상화된 것은 고작해야 20년도 되지 않았다. 축제가 하나의 전통, 혹은 관습으로 정착되기에 10여 년이라는 시간은 너무 짧다. 조금 더 시간이 흐르면 축제는 그 나름의 생명력을 갖고 있는 것과 그렇지 못한 것들이 구별될 것이고 그에 따라 한국 축제의 모습도 어느 정도는 자기의 틀을, 다양성 속에서도 만들어가지 않을까 생각한다. 그래서 한국은 아직도 축제와 축제문화가 형성되고 있는 과정에 있다고 보는 편이 올바를 것이다.

이 글은 한국 축제에 대한 이와 같은 상황인식을 전제로 몇 개의 축제를 사례로 연구한 결과이다. 특히 축제에 대해 지역문화 정책이라는 관점에서 접근하였다. 한 지역이 왜 축제를 필요로 했고 그것이 어떤 과정을 겪어가며 변화, 발전되는가를 살펴보았다. 그래서 축제 내부의 세부적인 과정에 초점을 두기보다는 거시적인 차원에서 축제가 지역 공동체에 어떤 영향을 미치는가, 반대로 지역 공동체 또는 지방자치단체가 어떻게 그 축제에 개입하는가에 관심을 두고 연구를 진행하였다. 그러다 보니 얼핏 보기에 축제와 관계없는 도시의 연혁이나 현황 등과 같은 문제들을 다루기도 할 것이다. 그러나 이들은 거시적인 측면에서 해당 축제를 제대로 이해하기 위해 필요한 과정으로 생각한다.

이 연구에서 사례로 삼은 곳은 부평과 무천이다. 이 두 도시는 모두 수도권에 위치해 있으면서 서울의 위성도시적 성격이 강하다. 본론에서 다시 거론되겠지만 부평과 부천은 서로 인접해 있고 같은 역사적 연원을 갖고 있기도 하다. 게다가 이 두 도시는 각각 비슷한 시기에 풍물축제(부평)와 국제영화제(부천)를 만들어 오늘에 이르고 있다. 그렇지만 그 축제의 성격은 매우 다르다. 대도시에서 만들어진 두 개의 지역 축제를 검토하면서 한국 축제가 오늘날 당면한 문제점 혹은 가능성의 일단을 파악할 수 있으리라 기대한다.

본론에서는 우선 두 도시가 어떤 성격을 갖고 있는지 도시의 연혁과 현황, 특성 등을 알아보고 두 도시의 문화 정책, 제도적 여건, 축제를 기획하게 된 배경과 성과, 축제의 특성과 문제점을 차례차례 검토해 보도록 하겠다. 그 과정에서 자연스럽게 오늘날 한국 축제가 당면하고 있는 문제점의 일단이 드러나리라고 생각한다.

2. 부천과 부평, 이란성 쌍둥이[1]

2.1 연혁을 통해 본 두 도시의 특성

부천과 부평은 그 뿌리가 같다. 1914년 3월 1일 부천군이 신설되어 1940년 부평이 현재의 인천광역시에 통합될 때를 제외하고 그 이전까지 부천과 부평은 같은 지역으로 인식되어 왔다. 고구려 시대에는 주부토군(主夫吐郡), 통일신라시대에는 장제군(長堤郡), 고려시대에는 수주(樹州), 조선 초에는 부평도호부(富平都護俯), 조선말에는 인천부 부평군(富平郡)으로 시대 변천에 따라 지명을 달리해왔지만 하나의 지역으로 불려왔던 것이다. 부천(富川)이라는 지명도 1914년 당시 부평군과 인천부의 일부를 통합할 때, 부평의 부(富)와 인천의 천(川)을 조합하여 만들었을

---

1 두 도시의 연혁과 현황에 대해 별도의 주석을 붙이지 않았으나 모두 부천시청 홈페이지(http://www.bucheon.go.kr)와 부평구청 홈페이지(http://www.icbp.go.kr)를 참조하였다.

정도로 부천과 부평은 그 친연성이 매우 높다.

부천은 1973년 7월 1일 시로 승격되어 오늘의 부천시로 발전하게 되었고, 그 후 산업화, 도시화에 따른 시세 확장에 따라 1975년에는 김포군의 오정면을, 1983년에는 시흥군 소래읍의 계수리 일부와 옥길리 일부를 편입하였고, 1988년에는 남구와 중구가 생겼으며 1993년 오정구가 증설, 남구는 소사구로, 중구는 원미구로 명칭이 바뀌었다. 현재는 원미구, 소사구, 오정구, 3개구 37개동의 행정구역으로 구성되어있다.

부평은 정부수립 이후 1968년까지 인천시 부평출장소의 지위를 누리다가 1968년 인천시 북구청이 설립되면서 부평이라는 이름은 동(洞)에만 남게 되었다. 1988년 인구 증가에 따라 서구가 분구되어 나갔고 1989년 김포군 계양면이 북구로 편입되었으며 1995년 북구청 관할권에서 계양구가 신설됨에 따라 북구를 부평구로 개칭하여 오늘에 이르고 있다.

이 두 도시는 조선시대까지만 하더라도 그 강역(彊域)이 부평과 김포평야를 아우르는 광대한 지역이었다. 서쪽으로는 현재의 경인전철역 백운역 근방부터 동쪽으로는 현재의 영등포구 일부를 포괄하는 광범위한 지역을 아우르면서 계양산 자락에 부평도호부가 설치된 전통적 농경지역이었다. 즉 부평평야와 김포평야를 기반으로 농업을 주요 산업으로 하는 곡창지대였던 것이다.

그러나 부평 지역은 1930년대를 전후하여 일제의 대륙침략 정책으로 산업, 군사기지로 탈바꿈하게 된다. 경인 철도의 부평역을 중심으로 병기고가 설치되고 보급부대가 주둔하면서 지역의 색깔이 변화하게 되는 것인데, 부평이 인천으로 편입된 것도 이 시기이다(1940년). 분단 이후에도 이런 사정은 변화하지 않았고 일본군 대신에 한국군과 미군이, 산업지대는 국가산업단지로 더욱 확장되어 농경지를 거대한 공단으로 바꾸어 버렸다. 부평은 이 시기에 '부평공단'이라는 경인 수출공업단지로 사람들에게 인식되게 된다.

그러나 부천은 1980년대 말 대규모 주택단지가 조성되기 이전까지 여전히 농업을 기반으로 한 수도권 변두리 지역의 특성을 강하게 갖고 있었다. 부천을 상징하는 '복사골'이라는 말에서도 알 수 있듯이 이 지역은 복숭아과수원이 넓게 자리 잡아 복숭아가 이 지역의 오랜 특산물로 알려졌다. 물론 현재 복숭아과수원은 모두 도시로 바뀌어 더 이상 복숭아가 부천의 특산물인 시대는 아니다.

한편 부평은 1980년대부터 군부대의 도시 외곽으로의 이전, 도심지 재개발 사업 등으로 대규모 택지개발 사업이 이루어지면서 거대한 아파트 단지가 속속 들어서기 시작한다. 최근에는 삼산 택지개발지구가 조성되어 전형적인 신도시의 모습으로 전환하였다. 부평 곳곳에 남아 있던 소규모 공장들도 점차 철거되기 시작하고 현재는 서울의 위성도시, 베드타운으로 지역의 정체성(identity)이 위협받고 있는 실정이다.

이점은 부천도 마찬가지이다. 서울 인구의 분산정책으로 일산, 분당, 평촌 등 서울 주변 지역이 신도시로 조성되면서 부천 역시 중동 지역이 신도시로 개발되기 시작하였다. 과거 평야를 이루었던 곳이 지금은 거대한 아파트 단지로 바뀌어 버렸으며 중동 인근의 상동지역이 다시 아파트 단지로 개발되어 수도권의 전형적인 베드타운형 신도시의 모습으로 전환되었다. 복숭아밭이 넓게 펼쳐져있던 소사(少沙 : 부천의 옛 지명)

가 지금은 시멘트의 밀림이 되어버린 것이다.

2.2 교통 환경의 변화 – 서울로 가는 지름길

부천은 북쪽과 동쪽으로는 서울시의 강서구·양천구·구로구가, 그 남쪽으로는 광명시와 경계를 이루고 있으며, 서쪽은 인천광역시의 계양구·부평구·남동구와 남쪽은 시흥시와 맞닿아있다. 부평 역시 동쪽으로는 부천시, 북쪽으로는 인천광역시 계양구, 서쪽은 인천광역시 서구, 남쪽은 인천광역시 남구와 남동구와 연접해 있다. 두 곳 모두 서울 서쪽에 위치하고 있으면서 서울로 이르는 교통편이 잘 발달되어 있다는 공통점이 있다.

이 두 곳은 모두 경인고속도로와 경인전철, 경인국도가 모두 서에서 동으로 횡단하고 있고 수도권 외곽 순환고속도로가 남북으로 종단하고 있는 지점에 위치하고 있다. 한편 서울 지하철 7호선이 부천을 지나 인천지하철 1호선 부평구청역과 연계되고 있다. 한편 부평구 남북으로는 인천지하철 1호선이 관통하고 있으며 부평역에서 경인전철과 교차, 환승할 수 있다. 수도권 서부 지역의 교통 요충지 역할을 하고 있다는 점을 여기에서도 짐작할 수 있다.

이 두 지역이 서울과 심리적 거리를 단축할 수 있는 결정적 계기는 1969년 경인고속도로의 개통으로부터 비롯되었다. 경인고속도로의 개통은 부평, 부천과 서울을 20분 이내로 단축시켰다. 당시 교통 환경을 감안하면 부평·부천에서 서울로 가는 시간이 획기적으로 단축된 것이었다. 거기에 1974년 경인철도의 전철화가 이를 더욱 크게 가속화시켰다. 1회 운행의 차량수가 늘었고 운행횟수도 대폭적으로 증가하였다. 2006년 개통된 경인전철의 복복선화는 그 완결편이다.

1980년대까지 서울과 부평, 부천을 연결하던 교통 노선은 경인철도와 경인국도, 경인고속도로가 전부였지만 지금은 여기에 제2, 제3경인고속도로, 수도권외곽순환고속도로, 88올림픽도로와 연결되는 수도권 매립지 도로, 인천공항철도, 서울지하철 7호선 등으로 대폭 늘어났다. 이렇게 보면 이 두 도시는 수도권 서부 광역 교통망의 중심축으로 자기 역할을 하고 있음을 알 수 있다.

2.3 인구와 면적, 재정

부평은 2012년 4월 현재 31.98㎢의 면적에 인구 약 56만 여명이 거주하고 있다. 인구밀도는 17,511명으로 인천광역시 가운데에서 가장 높다. 부천시는 총 면적 53.44㎢로, 경기도 면적의 0.5%에 해당한다. 부천시 인구 역시 2011년 7월 현재 89만여 명으로 경기도 가운데에서 가장 높은 인구밀도를 보이고 있다. 부평과 부천 모두 2011년 기준으로 30대 전후반과 40대 초반의 인구비율이 높은 것으로 나타났다. 인구 면에서 보더라도 이 두 곳은 수도권의 신도시적 성격을 강하게 나타내고 있다.

재정 규모는 일반회계 기준으로 보았을 때 부평은 2012년 본예산 기준으로 약 3,940억 원이고 부천은 8,318억 원에 이른다. 인구와 면적 등을 비교해 보더라도 부천의 재정 규모가 훨씬 크다는 것이 금방 나타난다. 이렇게 두 도시가 재정적인 측면에서 큰 차이가 나는 것은 특별히 부천의 경제 상태가 좋아서라거나 개개인들이 더 많은 세금을 내서가 아니라 지방자치법이 규정하는 법적 위상이 다르기 때문이다. 부평은 인천광역시 산하 자치구로서의 법적 지위를 갖지만 부천은 경기도 산하 시(市)로서의 법적 지위를 갖는다. 똑같은 기초자치단체라고 하더라도 두 곳의 법적 지위는 다르다. 아울러 도(道) 아래의 시(市)와 광역시(廣域市) 아래의 자치구(自治區)가 거둬들일 수 있는 세금의 종류가 다르다. 시가 훨씬 더 많은 권한을 가지며 국가나 도(道)로부터 위임받은 사무가 많다. 그에 따라 재원(財源) 역시 많게 되는 것이다. 그러다 보니 재정 규모가 자치구와 시는 다르다. 부평과 부천의 재정 규모가 차이나는 데에는 그런 이유가 있다.

*

지금까지 보아온 것처럼 두 도시는 비슷한 역사적 경험을 공유하고 있다. 농업을 기반으로 하는 전통적인 농경사회가 근대화 이후 거대도시 서울 인근에 위치하고 있는 이유로 인해 주변부 도시, 서울의 위성 도시로 급격하게 뒤바뀌게 되었던 것이다. 그런 변화는 아직도 현재 진행 중이다.

3. 축제 기획의 배경

여기에서는 두 도시가 어떻게 해서 축제를 기획하게 되었는지 그 배경에 대해 살펴보기로 한다. 이는 앞에서 살펴 본 도시의 특성과 무관하지 않으며 또한 이를 통해 한국에서 지역 축제가 어떤 연원에서 그렇게 우후죽순 격으로 갑자기 많이 생겨났는가를 이해하는 데에도 시사점을 줄 것이라고 생각한다.

이 두 도시가 축제를 기획하게 된 배경의 가장 핵심적인 요인은 지방자치제도의 전면적 실시이다. 1995년 자치단체장의 직선과 자치단체의회 의원 선거를 통해 우리나라도 지방자치시대를 열게 된다. 자치단체장에게 예산편성권과 인사권을 포함한 핵심적인 사무가 중앙정부로부터 이관되면서 각 자치단체는 모두는 아니지만 많은 영역에서 주민들의 수요와 이익을 대변할 수 있는 정책을 자율적으로 수립할 수 있게 된다.

부천과 부평 두 도시도 똑같은 상황에 놓이게 된다. 수도권의 여러 주변부 도시 중 하나로 다른 도시와 크게 구별될 것이 없는 곳이 이 두 도시였다. 요컨대 그냥 베드 타운적 성격을 크게 벗어날 게 없는 도시들이었던 것이다. 지역의 특산물이 있는 것도 아니고 특별한 장소 자산을 갖고 있지도 않은, 특성 없는 변두리 도시의 모습이었다. 그러나 지방자치단체로서는 이런 상황을 그대로 인정하고 현실에 안주하기는 어려웠을 것이다. 부천과 부평이 축제를 기획하게 된 배경에는 이런 문제의식이 작용하고 있었다.

더구나 축제는 여러모로 단기적으로 시행하기에 좋은 사업이었다. 성과가 확연히 눈에 드러나는, 요컨대 투입과 산출이 현실에서 잘 증명되는 사업이었고 명분도 있었다. 언론과 학자들은 21세기는 문화의 세기라고, 이제 문화가 경쟁력인 시대라고 소리 높여 외치고 있었다.

축제는 지방정부의 입장에서 보자면 지방자치제가 실시되고 있음을, 아울러 지방정부 집행자들의 존재를 주민에게 알릴 수 있는 가장 매력적인 정책 수단으로 떠올랐던 것이다. 이 두 도시는 지방자치제도가 실시된 세 번째 해에 똑같이 축제를 개최한다. 1997년 부천은 부천국제판타스틱영화제를, 부평은 부평풍물축제를 열게 되는 것이다. 아마 그 다음해 실시될 지방선거를 염두에 둔 탓도 조금은 작용했을 것이다. 그러나 비슷한 배경과 연혁, 지리적 위치를 갖고 있는 두 도시가 선택한 축제의 모습은 확연히 달랐다.

3.1 부천의 경우

부천은 부평에 비해 지역의 역사적 전통은 더욱 희박한 곳이다. 원래 부평에 소속되었던 곳이 인구가 증가하면서 독립한 지역이기 때문에 그렇다. 양귀자의 소설 『원미동 사람들』에서도 잘 드러나고 있듯이 부천은 서울의 변두리 도시에 불과했다. 그러던 것이 1993년 중동 신시가지 개발과 함께 아파트 밀집 지역으로 변화하고 인구 유입이 급증하기 시작했다. 도시의 정체성은 더욱 희박해지고 게다가 대부분 외지로부터 유입된 사람들이 부천 시민을 형성하였다.

이런 문제를 해결하기 위해 지방자치제의 실시와 함께 부천은 도시의 정체성을 문화에서 찾기 시작했다. 부천은 문화를 단순한 정치적 수사(修辭)나 구호 수준에서만 머무는 정도의 문화가 아닌, 말 그대로 도시정책의 주요 근간으로 삼기 시작한 것이다.

부천이 1997년 부천국제판타스틱영화제를 기획하게 된 것은 어떤 특징도 없는 도시를 문화도시로 탄생시키기 위한 전략의 일환이었다. 1996년 부산국제영화제가 처음으로 개최되어 그 성과를 주목받기 시작했고 1990년대 들어 한국 영화는 점차 그 창조적 생산력을 대내외에 과시하고 있었다. 한국 영화의 시장 점유율은 1997년 드디어 25%를 넘어섰고 『은행나무침대』, 『접속』, 『초록물고기』 등이 연이어 히트하고 이창동, 홍상수, 강제규 등의 새로운 신진 감독들이 등장하면서 영화의 시대를 예고하고 있었다.

특히 1998년 민선 2기 시장이 취임하면서 부천은 5대 문화사업을 시의 핵심 과제로 삼아 선택과 집중 전략으로 꾸준히 시행하기 시작하였다. 많은 예산과 인력을 여기에 쏟아 부었다. 5대 문화사업이란 부천필하모닉오케스트라(BPO), 부천국제판타스틱영화제(PiFan), 부천국제대학애니메이션페스티벌(PISAF), 부천만화정보센터(BCIC), 복사골 예술제를 가리킨다. 처음에는 잘 알려지지 않았지만 부천은 이제 이 사업들을 10년 넘게 추진해온 결과 수도권의 대표적인 문화도시로 인식되기 시작했다.

2001년에는 기초자치단체로서는 전국 최초로 문화재단을 설립해서 전문가들로 하여금 문화시설을 운영하고 문화정책에 대한 자문이 이루어지도록 제도화했다. 부천의 도시 이미지가 과거 변두리 도시로부터 수도권의 문화도시로 점차 이미지를 바꿔가기 시작한 것은 이런 과정이 있었기에 가능한 것이었다. 거기에서 부천국제판타스틱영화제가 기여한 공로는 매우 크다.

부천국제판타스틱영화제는 SF, 판타지, 로맨스 등 특정 장르의 영화를 대상으로 하는 영화제로, 종합영화제를 지향하는 부산영화제와 차별성을 갖는다. 대중성은 떨어질지 몰라도 확실한 마니아층을 주 타깃

으로 잡아 영화제로서의 생명력을 갖도록 했다. 영화제 초대 집행위원
장을 맡은 이장호 감독의 당시 인터뷰 기사와 수석프로그래머였던 김
홍준 감독의 인터뷰 기사를 보면 부천이 그리고 있는 축제의 꿈이 느
껴진다.

오케스트라가 있다. 아담한 신도시를 품고 있다. 영화에 대한 비전
까지 갖췄다. 이 도시는? 정답은 '부천시'다. 그래서 그는 이곳에 자신
의 미래를 걸기로 했다. 신참 부천 시민인 영화감독 이장호씨. 그는
작년(1996년) 10월 이곳에 전입했다. 오는 8월에 열릴 부천국제판타스
틱 영화제 집행위원장을 맡은 것이 계기가 됐다. 하지만 그의 부천에
대한 애정은 이미 '토박이급'이다. "부천엔 서울에 없는 것이 있어요.
그것은 바로 미래죠." 털털한 웃음과 함께 말문을 연 이 감독은 '인구
80만으로 전국 8대 도시인 부천은 이번 영화제를 통해 미래형 문화도
시로 거듭날 것이 확실하다'고 장담한다. 그가 준비하고 있는 이번 영
화제는 오는 8월 29일부터 9월 5일까지 8일간 부천의 12개 극장이 참
여하는 가운데 열린다. 주제는 '사랑, 모험, 환상'. 부천영화제에는 미
국 유럽 남미 동남아 등에서 흥행에 성공한 30개국의 60여 편이 출품
될 예정이다. 그는 "이번 축제를 통해 부천 시민들의 흔들림 없는 주
인의식이 발휘되길 기대한다"고 말하고 "앞으로 문화도시 부천에 대
규모 애니메이션 타운을 조성하고 싶다"고 포부를 밝혔다.

─『조선일보』, 1997. 3. 21.

달세계 여행의 꿈을 담은 95년 전 흑백 무성 영화로부터 현대 초현
실주의 필름까지. 그 시대 인간의 환상을 담은 작품 80편이 영화팬들
과 만난다. 8월 29일부터 9월 5일까지 열릴 제1회 부천국제판타스틱
영화제(pifan) 초청작 80여 편의 윤곽이 9일 드러났다. 작년 출범한 부

산국제영화제가 국제무대에서 호평받은 신작들의 '뷔페 차림'이었다
면 부천영화제는 판타스틱 영화 일색으로 메뉴를 정돈한 '전문 식당'
이다. 판타스틱 영화란 유럽에선 장르 영화중 환상에 기반한 마니아
취향 작품들을 가리킨다. 그러나 이 영화제 프로그래머 김홍준 감독
은 "판타스틱 영화의 한국적 개념을 만들어 간다는 생각으로, 대중적
취향의 일반 영화까지 폭을 넓혔다"고 말했다.

-『조선일보』, 1997. 7. 10.

대중 동원력이 큰 영화라는 대중문화의 매체를 축제화하는 데에 성
공함으로써 부천은 수도권 도시 가운데에 자기 정체성을 갖는 데에 일
정한 성공을 거둔 것으로 보인다. 특징 없는 서울 주변의 변두리 도시
가 어떻게 활력 있는 문화도시로 바뀌어가고 있는지, 또 도시의 인지
도와 이미지 개선에 어떻게 성공했는지, 그리고 거기에서 축제가 미친
영향력이 얼마나 큰 것인지를 부천의 사례는 잘 보여주고 있다.

3.2 부평의 경우

부평은 부천과 달리 부평권의 중심지였다. 부평평야의 중심지였으며
일제 강점기 하에서 체계적으로 도시로 개발된 곳이었다. 부천과 비슷
하게 서울의 변두리 지역이지만 나름의 전통과 역사를 갖고 있을 뿐만
아니라 자기 정체성을 유지하려는 의지가 매우 강한 곳이라고 볼 수
있다. 지리적인 위치로 보더라도 부천에 비해 서울과는 거리가 조금
더 떨어져 있고 인천광역시에 소속되어 있는 곳이다. 그러나 부평은
행정구역 상으로는 인천광역시에 소속되어 있다고 하더라도 인천과 구

별되는 문화적 특성을 갖고 있는 도시이다. 바닷가에 가까운 옛 인천 지역은 개항장이 있고 항구와 부두의 존재로 바다와 친숙한 정서가 강하다. 그러나 부평은 오랜 시간 농업을 기반으로 한 공동체 생활을 누려왔기에 원래의 인천지역과는 구별된다는 의식이 지역 토박이들에게 강하게 자리 잡고 있다.

그러나 부평은 일제 강점기부터 조성되기 시작된 병기창고와 각종 공업단지, 그리고 해방이후 들어선 미군부대 등으로 애초의 그와 같은 정서는 사라져 버렸다고 해도 잘못된 말은 아니다. 더구나 대우자동차(현재는 GM) 부평공장으로 지역 경제가 상당부분 유지된다는 점 역시 무시할 수는 없는 일이었고 1980년대 후반부터 들어서기 시작한 아파트 단지는 부천과 유사하게 외부로부터 인구 유입을 증가시켰다. 부평이 전통 있는 농업 지역이라고는 해도 그런 자취는 모두 사라져 버렸으며 지역에서 특별히 내세울만한 장소 자산이나 문화재, 혹은 자원이 있는 것은 아니었다. 또한 부천과 마찬가지로 일부 토착민을 제외하고 주민의 대다수는 부평 지역에 대한 소속감이 결여되어 있었다.

부평에서 풍물축제를 개최하게 된 것은 이 같은 부평 지역의 역사적 특성과 현재적 조건을 고려한 이유가 크다. 농경문화에 토대를 둔 부평 전래의 풍물을 살려나가면서 주민들의 지역 소속감을 고취하고 지역의 일체감을 만들어 내기 위해 축제가 고안된 것이나. 너구나 '풍물'이 갖고 있는 축제적 성격으로 인해 비교적 안정된 축제 운영 체제를 갖추고 있다. 2001년부터 조례를 제정, 부평구축제위원회가 축제를 담당토록하고 있다. 축제위원회 밑에는 축제 기획단이 조직되어 있어서 실무진과 전문가들이 축제를 기획·운영한다. 아래에 소개하는 부평축

제위원회의 위원장과의 인터뷰 기사를 통해 부평풍물축제의 단면을 엿
볼 수 있다.

> 오는 19일 개막하는 제8회 부평풍물축제를 준비 중인 심갑섭(62)
> 부평구 축제위원장은 올해 축제를 지역 주민 모두가 동참해 즐길 수
> 있는 '참여형' 행사로 준비했다고 밝혔다. (중략) "부평에 30년 넘게
> 살았지만 학교와 직장이 서울에 있어서 부끄럽게도 지역을 위해 한
> 일이 아무것도 없었습니다. 제가 가진 경험으로 지역에 봉사하는 마
> 지막 기회라고 여겨 최선을 다하고 있습니다."
> 부평풍물축제가 처음 선보인 것은 지난 97년. 구민의 날 기념행사
> 의 하나로 열렸던 축제를 계기로 부평구가 독자적인 지역 축제를 출
> 범시켰다. 민간 전문가들로 구성된 축제위원회가 매년 축제의 주제에
> 서부터 초청할 단체선정, 축제기간 등 모든 것을 스스로 결정하고 시
> 와 구는 이들의 행사를 지원하고 있다. 부평풍물축제는 우리의 전통
> 문화인 풍물을 중심으로 다른 지역문화축제와 차별화한 독특한 거리
> 타악축제로 자리잡아가고 있다. "부평축제가 풍물을 중심으로 하는
> 데에는 그럴만한 배경이 있습니다. 평야지대인 부평은 고려시대 이래
> 농경문화의 중심지여서 예전부터 마을마다 풍년을 기원하는 소단위
> 축제가 열려왔습니다. 게다가 전국에서 유일하게 21개나 되는 동(洞)
> 풍물단이 아직도 활동하고 있고, 한 지역에 풍물잡이 수백 명이 살고
> 있는 곳 역시 전국에서 부평뿐입니다." (중략) 심 위원장은 "일방적으
> 로 보여주는 축제가 아니라 함께 참여해 완성하는 축제를 준비하고
> 있다"고 강조했다.
>
> -『경인일보』, 2004. 5. 17.

부평풍물축제는 그러나 자치구가 후원하는 행사이므로 일정한 제약

이 있다. 재정적인 후원이 크지 못하고 부천시와 다르게 도시의 종합적인 정책적 배경을 갖고 운영되는 행사는 아니다. 말 그대로 자치구 차원의 행사인 것이다. 부평구가 문화적인 면에서 역점을 기울이는 가장 큰 사업이 풍물축제이다. 풍물축제를 통해 부평은 전통을 현재화하고 공업도시로서의 이미지를 탈피하려고 한다. 아울러 주민들이 축제에 적극 참여하도록 유도함으로써 지역 소속감을 높이기 위해 노력한다. 풍물은 그를 위해 매우 훌륭한 매개체이다. 다음 장에서는 이 두 축제의 운영과 성과에 대해 간략히 살펴보도록 한다.

4. 축제가 일궈낸 성과들

4.1 부평의 사례

부평풍물대축제는 1996년 "늘푸른 부평문화예술제"가 계기가 되어 1997년부터 부평풍물대축제라는 이름으로 현재까지 개최되고 있다. 2001년부터는 "인천광역시 부평구축제위원회 설치 및 운영조례"를 제정하여 완전 민간 축제로 전환하였고 부평구에서는 민간행사 보조위탁사업의 한 형태로 축제를 진행시키고 있다. 축제위원회 26명, 축제기획단 30명으로 구성되어 운영되고 있으며 행사 계획 수립과 집행에 관한 최종 결정권자는 축제위원회 위원장이 갖고 있다. 위원장은 물론 민간인이다. 위원장에 대한 임명권자는 부평구청장이지만 위원장은 대부분 지역 내 문화예술 분야의 신망 있는 원로, 혹은 중진급 인사가 위촉된다. 게다가 축제위원회와 기획단 내부에서 위원장에 대한 대략적인 합의를 통해 구청장에게 추천되므로 구청장은 이를 무시할 수 없다. 첫 번째 축제를 기획할 당시부터 부평구 내의 풍물단, 부평문화원 등 지역의 풍물과 관련된 인사들과 부평지역의 문화계 인사들이 결합하여 축제를 만들어 냈으므로 그런 관행은 이미 정착단계에 와 있다. 축제가 출범한 이후 5명의 구청장이 거쳐 갔지만 풍물축제의 전통과 관행은 뒤바뀌지 않았다. 이런 관행이 제도적으로 완전히 정착된 것이 2001년 축제위원회의 출범이었다.

한편 부평풍물축제는 인천시의 대표적인 축제로 인식되고 있다. 2003년 인천광역시에서 "문화예술중장기발전계획"을 수립하면서 시민 1,000명을 대상으로 설문조사를 실시한 바가 있는데 지역 내의 여러 축제들 가운데에 부평풍물축제에 대한 인지도가 절대적으로 높았다. 이렇게 풍물축제가 지역 내에서 안정되게 자리 잡게 된 배경에는 동(洞) 단위로 조직되어 있는 풍물패를 빼놓고 생각할 수 없다. 부평은 21개의 행정동이 소속되어 있는데 모든 동 별로 주민의 자발적인 풍물패가 있는 것이다. 비록 아마추어라 하더라도 이 같은 풍물 인구의 존재는 풍물축제를 성공할 수 있도록 만든 원동력으로 작용했다. 즉, 외부 풍물패에 의해 축제가 인위적으로 '기획'되고 '공연'되는 것이 아니라 주민들 스스로에 의해 잔치 마당이 벌어지고 거기에 외부 풍물패가 결합되었던 것이다.

두 번째로 축제 초기부터 부평풍물축제는 주민들 스스로의 참여에 의해 기획되고 진행되었다는 점이다. 부평구청이라는 행정조직이 축제를 지원하기는 했지만 부평문화원과 협조 아래에 스스로의 힘으로 축제를 만들어 온 것이다. 요컨대 외부 기획사에 의해 축제가 의도된 연출로 끝나지 않았던 것인데, 이 점은 축제의 성패에 있어 매우 중요하다. 처음에는 다소 실수도 있고 어설프기도 했으나 구청의 직원들과 부평지역의 문화예술인, 문화기획자 등이 참여하여 축제를 만들어 갔다. 그런 노하우가 매년 축적되면서 축제는 거듭 새로운 모습으로 발전할 수 있었다. 그 과정을 통해 자연스럽게 축제를 함께 고민하고 발전시킬 수 있는 인적 네트워크가 구성되는 결과도 얻었다. 이런 네트워크에서 지역 문제에 대한 활발한 토론, 지역문화를 활성화시키기 위한 다양한 고민들이 토로되곤 한다. 이를 통해 확보된 지방정부와 시민 사이의 수평적 대화채널은 아마 눈에 보이지 않는 수확일 것이며 그것이 진정 지역 공동체의 바람직한 모습을 가꿔가는 과정일 것이다.

한편 구청의 일부 공무원들은 축제의 성과가 축적됨에 따라 아예 축제 마니아, 풍물 마니아로 바뀌어 아마추어 수준을 능가하는 축제 기획자와 공연 연출가 역할을 하고도 있다. 축제위원회와 기획단이 조직될 수 있었던 현실적 힘은 그런 데서부터 연유한다. 그렇지 않고 부평구청이 외부의 축제 대행 기획사에 일임하는 편한 길을 선택했거나 축제를 관리 감독하는 관리자의 입장에 섰더라면 일회성 이벤트와 다를 바 없는 그렇고 그런 축제로 전락했을 것이며, 축제를 통한 지역 활성화나 지역 내 문화적 역량의 성숙은 이뤄내지 못했을 것이다. 또한 기획사가 매번 바뀔 가능성도 있는지라 축제를 통해 지역에 축제의 노하우가 축적되는 것 역시 많지 않았을 것이다.

그런데 부평풍물축제가 시민들에게 그렇게 인지도를 높이게 된 결정적인 계기는 2001년부터 축제의 주요 무대를 도심 대로(大路)로 옮기면

서부터이다. 2001년부터 부평풍물축제는 왕복 10차선 대로인 부평로를 주 행사장으로 사용한 것이다. 토요일과 일요일 이틀간 2㎞ 구간에 달하는 대로를 차 없는 거리로 선포하고 이곳에서 축제를 개최하였다. 부평로는 부평역에서부터 부평시장에 이르는 부평의 가장 주요한 간선 도로이자 부평지역 핵심 상권을 관통하는 도로이다. 앞에서도 살펴보았지만 부평역은 경인전철과 인천지하철의 환승역이기도 하다. 또한 부평시장은 부평지역 내 최대의 상권으로 문화의 거리가 설치되어 있는 곳이다. 애초에는 교통 대란으로 인한 민원이 빗발치지 않을까 우려했으나 행사는 무리 없이 마무리되었다. 도심 한복판의 대로가 축제의 마당으로 됨으로써 많은 시민들이 행사에 참여할 수 있었을 뿐만 아니라 축제의 인지도를 높이는 데도 상당한 기여를 했다. 지역 상가의 매출도 늘어나 지역 상인들의 자발적 참여를 유도하기도 하였다.

또한 대부분의 사람들이 주말 도심의 도로에서 자유롭게 축제에 참가하는 경험은 일상성으로부터의 탈출이라는 축제 고유의 성격을 체험케 했다. 늘 자동차로 채워져 있던 도로에서 서로 어울려 풍물을 치고 음악이 울려 퍼지는 일은 주민들에게 상당한 매력으로 다가왔다. 실제 이에 대한 설문 조사 결과 주민들의 압도적 대다수가 거리 축제를 찬성한다고 대답하였다. 2004년 축제기간에는 경찰 추산 연인원 80만 여 명이 축제에 참여한 것으로 집계되었다. 입장료가 따로 있어서 정확한 참여자 수를 추계하는 것은 어렵지만 부평 대로에 실제로 많은 인파가 축제기간동안 모여든 것은 부인할 수 없는 사실이다.

4.2 부천의 사례

부평풍물대축제에 비해 부천국제판타스틱영화제(PiFan, 이하 부천영화제로 약칭)는 훨씬 인지도도 높고 그 규모도 크다. 사실 부평풍물축제는 국내가 주 대상이고 그 성격이 앞에서도 본 것처럼 지역민을 중심으로 한 지역 축제적 성격이 강하다. 그에 비해 부천영화제는 영화를 매개로 한 국제 예술제적 성격이 강하고 영화에 대한 국가적, 국민적 관심이 큰 만큼 언론의 집중 조명을 받기 쉽다는 이점도 있다. 실제로 2004년 부천영화제의 경우 주요 일간지, 경제지, 스포츠지, 무가지, 지역 일간지 등 신문에 보도가 나간 것만 230회, 주간지 및 월간지에는 36회, 공중파 및 케이블 TV의 31개 프로그램, 라디오 10개의 프로그램에 노출되었다. 적게 잡아도 광고 효과가 약 25억 원을 넘는 성과를 거두었다. 이 같은 홍보 효과가 사실 부천시로서는 가장 큰 성과인 셈이다.

부천영화제는 사단법인 부천국제판타스틱영화제 조직위원회에 의해 운영된다. 조직위원회 아래에 집행위원회가 있고 별도로 사무국이 구성되어 일상 업무 및 영화제 기간 동안 각종 행정 지원과 행사 진행을 처리한다. 사단법인이므로 이사회가 구성되어 있고 조직위원장은 부천시장이, 집행위원장은 전문 영화인이 맡아서 진행한다. 조직위원회가 최종 의사 결정 기구이자 책임과 권한을 갖고 있지만 영화제의 프로그램 기획과 운영 등은 집행위원회가 맡아서 처리한다. 집행위원회는 영화제와 관련한 전문성을 담아내는 기구의 성격이 강하다.

부천영화제의 예산은 2004년 당초예산을 기준으로 총 24억 2천5백만 원이며 이중 국비가 5억 원, 경기도로부터 지원받는 도비가 3억 원, 부천시가 6억 원 등 14억 원의 보조금을 지원받는다. 그러나 이 외에도 문예진흥기금이 포함된 협찬금으로 5억 1천5백만 원, 후원회 수입이 8천만 원 정도가 있으며 티켓 판매를 통한 입장 수입이 2억 1천5백만 원 가량 된다.

2004년에는 7월 15일부터 7월 24일까지 10일간에 걸쳐 진행되었으며 공식 상영관 6개소, 야외 상영관 1개소에서 총 32개국 261편의 장, 단편영화가 상영되었다. 공식 초청 인사는 국내 1,314명, 해외 124명이며 영화제 기간 동안 야외 상영을 포함해서 총 215회의 상영이 이루어졌다. 2004년 영화제 운영을 위해 집행위원장과 사무국장을 포함하여 43명이 근무하였으며 218명의 자원활동가가 영화제 운영을 지원하였다. 상영관의 순 입장객수는 64,603명이며 행사 관람 및 참가인원을 포함하여 83,413명이 축제에 참여하였다. 매진율은 총 204개의 스크린 수에서 94회의 스크린이 매진되어 46%의 매진율을 기록하였고 심야상영 관람객의 평균 객석 점유율은 89.1%에 달하였다.

지역별 관객 구성비를 보면 서울이 44.2%, 부천시가 17.7%, 부천시를 제외한 경기도가 17.5%, 인천시가 11.9%, 기타가 8.3%이며 관람객의 연령대는 20대가 70%, 30대가 19.4%, 10대가 6%, 40대 이상이 3%로 20대, 서울에서 온 관람객이 가장 많은 비율을 차지하고 있다.

1997년 영화제가 시작된 이후 부천영화제는 지속적으로 성장해왔으며 대내외적으로도 특성을 살린 고유한 영화제로서의 지위를 확실하게 굳히고 있다. 부천영화제는 유럽판타스틱영화제연합이 공인하는 아시아권의 유일한 판타스틱 영화제이기도 하다.

4.3 성과의 정리

지금까지 부평과 부천의 축제가 거둔 성과를 살펴보았다. 이 두 축제는 비슷한 지역에서 탄생하였으면서도 그 성격은 매우 다르다. 앞에서도 언급한 바와 같이 이런 축제의 모습을 통해 어떻게 보면 한국 축제의 단면을 시사 받을 수도 있다. 축제를 기획한 배경으로부터 축제의 성격에 이르기까지 두 축제는 비록 비슷한 역사적 경험과 조건을 갖고 있는 지역에서 기획된 것이지만 그 모습은 매우 다르다.

부평풍물축제는 지역 내부와 밀착되어있다. 그리고 그것이 부평풍물축제의 생명력이라고 할 수 있다. 주민들의 지역 소속감을 고취시키고 지역의 오랜, 그러나 지금은 잊혀져버린 정체성을 되찾기 위해 축제가 기획되고 시행되었다. 지역에서 벗어나는 순간, 부평의 축제는 그 의미를 상실할 것이다. 부평이라는 자치구에서 시작된 축제이고 그 성과가 인정되고 있지만 부평풍물축제는 쉽사리 자치구를 벗어나 인천 전체의 대표 축제가 되지 못하고 있다. 워낙 지역적 기반이 강하기 때문이다.

또 하나 부평풍물축제로부터 발견하는 것은 축제를 민간의 자율적 기구에 완전히 일임했다는 점이다. 이 또한 앞에서 말한, 지역에 기반한 축제라는 성격과 밀접히 연결되는 문제이다. 관이 주도한 축제가 아니었기 때문에, 그리고 축제를 처음 기획하고 시행할 때부터 민간 전문가들이 강하게 결합되어 있었기에 가능한 일이었다. 대부분 우리나라의 지역 축제들이 겉으로는 민간축제를 표방하면서도 내부에서는 관이 주도하는 형태로 진행되는데 부평의 경우는 다르다. 관은 지원 기능에 머물러 있을 뿐이다. 그만큼 축제에 관한 한 축제위원회와 축제기획단의 자체 역량이 강하고 관(官)과의 협조, 의사소통이 잘 이루어지고 있는 구조이다. 그것이 10년이 넘는 세월 동안 축적되어있으므로 쉽사리 변하지 않도록 구조화되어 정착되었다.

그렇지만 부천축제는 다르다. 영화를 매개체로 해서 의도적으로 기획된 성격이 강하다. 부천영화제가 개최되기 이전에 부천과 영화와의 관련성은 전혀 없었다고 해도 과언이 아니다. 부천은 수도권 위성도시로서의 정체성에서 벗어나기 위해 의도적으로 축제를 고안해 낸 것이고 거기에 영화라는 매체에 주목, 영화제를 기획한 것이다.

부천영화제가 짧은 기간에도 성과를 거둘 수 있었던 것은 국내의 영화 붐과도 상당한 영향을 받았다고 볼 수 있다. 1990년대 이후 새롭게 등장한 영상 세대들을 중심으로 영화 마니아층이 비교적 두텁게 형성되기 시작했고 한국 영화의 경쟁력과 작품성이 때맞춰 급성장했다. 이런 환경이 마련되어 있었으므로 부천영화제는 여러모로 덕을 볼 수 있었다. 서울과 인접한 지리적 조건 역시 거기에 긍정적인 영향을 미쳤다. 또한 내부적으로는 집행위원회를 통해 영화제를 기획 운영할 수 있는 전문 인력을 확보한 점을 들 수 있다. 평상시에는 사무국을 운영하면서 관련 네트워크를 유지하고 영화제 기간을 전후해서 많은 전문가들이 영화제 사무국에서 일을 할 수 있도록 만들었던 것이다. 한편 비교적 넉넉한 재원을 갖고 있는 부천시가 정책 의지를 갖고 상당한 재정적, 행정적 지원을 해 주었던 것 역시 축제 성공의 주요한 요인이었다. 부천이 내세우는 5대 문화사업 중 대표주자로서 부천영화제는 부천이라는 도시의 그늘 아래에서 성장할 수 있었던 것이다.

5. 한계와 문제점

그러나 두 축제는 문제점이 없지 않다. 그동안 부천영화제를 둘러싸고 일어났던 여러 잡음들이 그 대표적 예이다. 영화제 초기에 집행위원장의 해촉으로 표면화된 부천영화제의 문제점은 한국 축제가 가야할 길에서 많은 시사점을 던져주었다. 어쨌거나 이 두 축제가 맞닥뜨리고 있는 문제점 또는 한계는 오늘날 한국 축제가 당면하고 있는 문제의 일단을 보여주는 것이라고 말할 수 있을 것이다.

5.1 굴레가 되어버린 지역성과 고갈되는 기획력 – 부평의 사례

부평풍물축제의 한계랄까 문제점은 비교적 명확하다. 풍물축제에 참여하는 사람들을 보면 압도적인 대다수가 부평구민들이고 일부 인접한 계양구민들이다. 축제위원회나 기획단원들은 외부의 관광객들이 방문하기를 기대한다. 부평구청의 관계자들 역시 마찬가지이다. 그러나 외부의 관광객들이 부평풍물축제만을 보기 위해 방문하기에는 거기에 걸맞은 이벤트가 많지 않다. 그런 점에서 부평풍물축제가 욕심을 부평 밖으로 돌리게 되면 그것은 그대로 한계가 된다. 지역에 깊이 뿌리를 박고 있기 때문이다. 물론 이는 생각하기에 따라서 한계가 아닐 수도 있다. 지역과 밀착된 축제가 오히려 생명력이 강하기 때문이다.

그러나 이 문제는 그렇게 간단하게 생각할 문제는 아니다. 해를 거듭할수록 축제의 형태는 고정화되고 기획력은 고갈된다. 기획단원들도 매너리즘에 빠지기 쉽다. 풍물이라는 매체 자체는 변화가 많지 않고 일정한 형식적 틀을 유지한다. 지역민들이 함께 어울려 한바탕 신명나는 장을 만드는 것으로 만족하자면 그것으로 족하겠지만 거기에만 머물기에는 아쉬움이 크다. 그런 점에서 축제를 통해 관광객을 끌어 모으고 지역의 상권을 활성화시키겠다는 축제 관계자들의 의욕은 충분히 이해할 수 있는 일이다. 그러나 자치구로서 재정은 한계가 있어서 이를 넘어서기가 쉽지 않다. 유사한 외국의 공연진, 그것도 상당한 명성을 갖고 있는 공연단을 초청하기에는 재정 기반이 취약하다. 부평풍물축제는 매년 4억 내외의 예산을 갖고 진행되는데 그것도 확보하기가 수월치 않다. 축제를 크게 확장하기에 여건이 뒤따르지 못하는 것이다. 전용 공연장이 있는 것도 아니고 체계적인 교육 시스템이 갖춰져 있어서 풍물인들의 메카가 되기도 쉽지 않다. 부평구는 장기적으로 그런 계획을 세워놓고 있기는 하지만 단기간 내에 실현될 가능성은 크지 않다. 그것들이 모두 예산이 들어가는 사업인데 인천광역시나 중앙정부로부터 그런 지원을 받는 것은 단기간에 이루어질 일이 아니다.

또한 지역 내부의 인사들로 축제위원회와 기획단이 꾸려지다 보니 서로 간의 의사소통과 지방정부와의 협조는 잘 이루어지고 있으나 외부인들이 그런 구조 안으로 끼어들기가 쉽지 않다. 전혀 새롭게 고민하는 외부인과의 의사소통의 틀을 만들어내기에 이미 부평풍물축제는 자기 내부의 틀이 너무 단단하게 고정되어버렸다. 풍물이라는 장르에 대한 전문적인 고민, 타 장르와의 융합을 통한 실험, 혹은 부평 고유의 풍물을 새롭게 창안해내는 일 등이 필요하다는 것을 스스로도 인식하고 그에 대한 고민을 하고 있지만 돌파구가 쉽게 마련되고 있지는 못하다. 새로운 외부 인력을 수혈할 수 있는 틀이 없는 것이다. 물론 풍물 경연 대회 등을 통해 여러 지역의 사람들이 서로 어울리고 교류하는 장은 마련되어 있다. 그러나 그들은 손님 이상의 역할을 하지는 못한다.

부평풍물축제가 지역 정체성에 대해 강한 집착을 보이는 것은 풍물축제가 자리 잡고 정착되는 데에 상당한 기여를 한 것으로 인정되는 반면, 일정한 시간이 지나면 그것이 곧 굴레가 될 가능성이 큰 것이다. 기획단원들의 일방적인 희생과 봉사로 축제가 지금까지 성장해왔지만 새로운 세대들이 보완되지 못하고 있는 게 현실이다. 노력과 희생에 대한 합당한 보상이 주어지지 못한다는 것이 가장 큰 이유일 것이다. 제대로 된 지역 축제를 만들겠다는 열정과 노력이 지금까지 기획단을 이끌어온 정서였는데 그런 열정이 지속되기는 힘든 구조이고 현재의 기획단원들을 이어나갈 후속세대는 충원되지 못하고 있는 실정이다. 부평풍물축제가 지역을 넘어서서 보편성을 획득해가는 문제, 부평 밖으로 나와 타자와 결합하는 문제가 앞으로 부평풍물축제가 발전하는 데에 중요한 바로미터가 될 것이다. 이 문제가 해결되었을 때 비로소 부평풍물축제가 이뤄내고 싶어 하는 국내 최고의 풍물거리축제로 재탄생할 수 있을 것이다.

5.2 지역과 밀착되지 못한 당신들의 축제 – 부천의 사례

부천영화제는 한때 홍역을 앓았다. 집행위원장의 해촉을 계기로 영화인회의와 부천영화제조직위원회가 갈등을 빚었고 급기야 조직위원회 이사진이 전원 사퇴하고 비상대책위원회 체제로 축제가 준비되는 사태에까지 이르렀다. 물론 이런 갈등은 겉으로 보자면 2004년 보궐선거로 당선된 당시 부천시장과 집행위 측과의 마찰 때문으로 보인다. 당시 새로 당선된 부천시장은 부천영화제를 조건 없이 지원하기보다는 지원하는 만큼 부천시가 얻을 건 얻겠다는 생각이 강했는데, 영화제 집행위는 이런 개입에 반발하는 모습을 보였다. 여기에서 그 전후 과정을 상세히 살펴보는 것은 논의에 큰 도움이 되지는 못할 것 같다. 다만 그런 갈등은 표면적인 이런저런 이유 이외에도 조금 더 근본적인 문제를 내포하고 있다는 점에 주목해야 할 것이다. 그리고 그것은 다만 부천영화제에만 국한된 문제가 아니라 부천영화제와 유사한 축제들도 충분히 겪을 수 있는 일이라는 점에서 중요성이 크다. 오히려 가치판단을 개입시키지 않은 상태에서 문제의 원인을 객관적으로 드러냄으로써 시사점을 얻을 수 있을 것이다.

갈등의 촉발은 축제를 바라보는 기본적인 관점이 서로 다른 데에서 비롯된다. 핵심을 간추리자면 축제의 주인을 누구로 생각하느냐에 있다. 부천영화제의 주인을 영화인으로 보느냐, 혹은 부천시민으로 보느냐로부터 문제가 비롯되었다. 이런 식의 양분법이 결코 옳지 않다는 것을 모르는 바가 아니나 갈등의 밑바탕에는 그런 인식의 차이가 실제로 존재하고 있다. 새로 당선된 시장의 입장에서 보자면 부천영화제는 부천시민을 위한 축제라기보다는 일부 영화인을 위한 축제, 서울시민이 더 즐기는 축제로 고착되고 있다는 생각을 한 것으로 판단된다. 그러나 영화인들은 지방정부 권력이 문화의 자율성, 예술의 전문성을 무시하고 권력을 사사롭게 휘두른다는 생각을 강하게 갖고 있다. 지역축제가 과연 어떠해야 하는가에 대해 이해하는 각도가 다른 것이다.

이것은 사실, 부천영화제가 기획될 때부터 잠재된 문제였다. 영화와 관련된 어떤 지역적 기반도 없이 만들어진 축제가 부천영화제였으므로 축제를 기획하고 운영하는 주축은 외부 전문가일 수밖에 없었다. 그런 전문성을 인정하고 그들에게 최대한의 자율성을 주었을 때 부천영화제는 성공을 거둘 수 있었다. 또 축제의 성격이 국제영화제였으므로 그렇게 축제가 운영되는 것이 당연한 것이기도 했다. 축제가 8년째 지속되면서 그것은 자연스럽게 정착되는 분위기였다. 그러나 문제는 그것의 정당성에 대해 의심을 품을 때 발생한다. 왜 부천시민들의 세금을 외부인들에게 지원하고 또 그것이 시민들에게 실제로 혜택이 되어 돌아오지 않는가에 대해 의심을 품게 되면서 축제의 정체성이 흔들리기 시작한 것이다. 자원활동가의 대부분도 외부인들이고 관람객의 대다수도 외부인이라는 사실에 대해 새로 당선된 부천시장이 문제를 제기했다는 사실이 그런 점을 증명한다. 이는 축제가 어떻게 지역 내부와 결합될 것인가의 문제와 관련해서 중요한 시사점을 준다. 외부 관광객을 많이 유치함으로써 지역 경제를 활성화시키겠다는 것을 축제의 목적으로 생각하는 부류도 있지만 지역민과 더 깊이 밀착하는 축제에 대한 요구도 있다는 것이다. 이론적으로 그 둘이 반드시 배치되는 것은 아니라고 하더라도 현실은 이렇게 그 둘이 대립하고 갈등하는 양상으로 나타나기도 하는 것이다.

여기에서 중요한 것은 축제를 만들어 나가는 과정에서, 그것이 어떤 성격의 축제라고 하더라도, 축제에 대한 지역의 합의 과정이 반드시 필요함을 말해준다는 점이다. 그것이 충분히 합의되지 못했을 때 부천영화제처럼 자치단체장이 바뀌게 된다면 갈등이 빚어지는 일도 발생하게 되는 것이다. 합의의 형태는 물론 매우 다양하고 사안마다 다를 수 있다. 지역민들의 요구나 지역민들의 참여도 그런 합의의 하나일 수 있겠지만 어느 누구도 무시할 수 없을 만큼의 성과를 거두는 것이 합의의 형태가 될 수도 있다. 어쨌거나 부평풍물축제라면 결코 생각할 수 없는 일이 부천영화제에서 벌어지는 것은 그런 합의가 충실하게 이루어지지 못한 까닭이 크다.

그럼에도 불구하고 기본적으로 지적되어야 할 문제는 부천영화제의 자율성과 전문성을 충분히 고려하지 못한 자치단체장의 사고방식이다. 생각이 다르다고 해서, 또 이런저런 조건이 바뀌었다고 해서 축제의 사령탑이라고 할 수 있는 집행위원장을 쉽게 바꾸는 처사는 이해하기 어려운 일이다. 이는 또한 역으로 한국축제의 취약한 기반을 단적으로 입증하는 사건이기도 하다. 시장 한 사람에 의해 8년 동안 지속되어왔던 축제가 파행을 겪는 것은 그만큼 한국축제의 자생력이 미약하다는 것을 보여준다. 사단법인 부천국제판타스틱영화제 조직위원회 이사회 역시 그 과정에서 자기의 무력한 실체만을 그대로 드러냈을 뿐이다.

부천영화제가 겪었던 이런 사건은 축제가 어떻게 지역적 기반을 강하게 가져야 하는가, 그리고 이런저런 외압에도 견딜 수 있는 자생적 기반을 어떻게 마련할 수 있을 것인가에 대해 과제를 남긴 것이라고 할 수 있다. 이것은 비단 부천영화제만이 아니라 한국축제가 앞으로 넘어야 할 문제를 우리에게 제시한 것이라고 할 것이다.

해수욕장과 공공예술

1. 공공미술프로젝트와 공동체 예술

중세 이전의 예술, 특히 순예술(fine arts)은 개인의 사적 공간에서 창조되고 향유되던 것이었다. 예술가들은 자신을 후원하던 왕족이나 귀족을 위해 작품을 창작하고 그 대가로 생활을 이어갈 수 있었다. 이런 현상은 동서양에 관계없이 예술의 창작과 향유를 둘러싸고 이루어진 보편적인 현상이라고 할 수 있다. 근대 이전의 미술과 음악 등은 대개 궁정이나 소수 후원자(patron) 그룹들을 위해 창작된 것이고 오늘날 우리가 교과서 등을 통해 접하는 당시의 예술 작품들은 대부분 그런 유산들이다. 후원자 그룹은 왕궁을 포함하여 종교 기관과 귀족 계급 등

당시 지배 계급이라고 할 수 있는 부류였다.

이런 예술이 근대 사회에 접어들면서 사적 영역(private sphere)으로부터 공적 영역(public sphere)으로 확산된다. 물론 그 계기는 자본주의의 발전과 민주주의의 확립이다. 민주주의의 성립과 더불어 극소수 종교 지도자와 귀족, 그리고 왕실은 과거와 같은 특권을 유지할 수 없었고 자본주의의 발달과 더불어 성장한 시민 계급은 실질적인 힘을 갖고 사회를 이끌어가는 주류 계층으로 떠오르게 된다. 이때부터 예술은 더 이상 소수의 후원자 그룹을 위한 것이 아니라 대중을 위한 것으로 전환되게 된다. 이제 예술의 강력한 후원자는 특권 계급이 아니라 시장(market)이 된 것이다. 시장 영역 속에서 살아남는 예술과 그렇지 못한 예술로 나뉘면서 대중예술, 혹은 대중문화도 형성되기에 이른다. 산업 기술에 의존한 대량 생산 시스템에 의존하여 많은 대중들이 향유할 만한 다양한 문화 창작물들이 유통되는 시대가 도래한 것이다. 그렇지만 이런 이행은 어느 날 갑자기 이루어진 것은 아니고 오랜 시간을 거쳐 완만하게 진행되어 오늘에 이르렀다.

그러나 두루 아는 바와 같이 시장이 항상 건강하고 정당한 것만은 아니다. 시장에서 많은 사람들에게 구매되는 예술 작품이라고 해서 그것이 꼭 예술적 가치가 높다고 평가되기는 힘들기 때문이다. 예컨대 문학 작품 가운데에서도 베스트셀러가 꼭 문학적 성취가 높다고 보기 힘든 것도 같은 이유이다. 문화와 예술은 한 시대의 삶과 생활, 시대정신을 가장 정련된 양식으로 담아내는 인류 공동의 유산이다. 따라서 그것은 시장의 논리로만 좌우되는 것이 아니라 공공적 영역의 가치 평가, 미학적 가치 평가도 동반된다. 현대 사회에 들어와 문화와 예술에 공공성이 부여되고 정부와 공공 기관이 문화와 예술에 대한 지원을 하는 것도 그런 맥락에서 이루어지는 것이다.

그런데 일반적으로 공연 예술(performing arts)이나 시각 예술(visual arts)은 일정하게 구획된 시설물 안에서 작품이 발표되고 향유되는 것이 일반적인 관례였다. 즉 공연장이나 전시장, 갤러리 등에서 이런 예술 작품이 공연되거나 전시되면 많은 사람들이 여가 시간에 이런 시설물을 찾아 문화 예술 작품을 향유하는 것이 그간의 일반적인 문화 향유 형태였던 것이다. 그렇지만 현대의 예술가들은 그런 구획된 공간 안에 예술을 가둬두기 보다 생활공간으로 예술을 직접 끌고 들어오는 경향도 생겨나기 시작했다. 물론 거리, 광장, 공원, 간판 등에 공공디자인의 개념이 도입된 것은 그보다 이르지만 디자인은 예술의 자율성에 토대를 둔 것은 아니고 대상의 기능을 보완한다는 기능적 관점이 강하다는 점에서 예술과는 구별된다.

최근 몇 년간 우리나라에서 활발하게 시도된 공공미술프로젝트 역시 시각 예술이 도시의 공간에 적극적으로 개입한 사례라고 할 수 있다. 마을 벽화 그리기, 학교 교문 바꾸기, 혹은 보도블록이나 광장에 여러 조형물들을 설치하는 작업이나 산업 유휴 시설을 창작 공간으로 조성하는 사업 등이 넓게 보았을 때 공공미술프로젝트라고 할 수 있다. 물론 엄밀히 말해 공공 미술은 지역 주민과 결합될 때 온전하게 그 가치를 드러낼 수 있다는 점은 상기할 필요가 있다. 공적 장소에 예술 작품이 설치된다고 해서 모두 공공 미술이라고 할 것인지는 논란의 여지가 있기 때문이다. 그렇기 때문에 공공미술프로젝트는 단순하게 도시의 공공 공간에 시각 예술 작품을 설치하는 도시 미관 개선 사업이나 도시

디자인 사업과는 구별된다. 엄밀히 말해 공공미술프로젝트는 미술작가들이 지역 주민들과 함께 공동 작업을 통해 도시의 공간을 새롭게 해석하고 주민들 역시 함께 그 과정에 주도적으로 참여함으로써 공동 창작자의 일원이 되도록 하는 것을 가리킨다. 요컨대 공공미술프로젝트는 공동체 예술, 커뮤니티 아트(community arts)의 성격을 강하게 갖고 있는 것이다.

예를 들어 보자. 동네에 있는 학교의 담을 아름답게 장식하기 위해 미술가가 어느 날 학교 담장을 아름답게 도안하여 채색하는 것은 말 그대로 도시 미관 개선 사업이다. 그렇지만 학교 담장을 놓고 주민이나 학생들과 함께 토론을 하고 그곳에서 이야기나 그들의 정서와 감성을 이끌어 내어서 그것을 함께 작품으로 형상화하고 서툴더라도 공동으로 작품을 만들어 가는 것이 공공미술프로젝트이다. 그런 점에서 공공미술프로젝트는 예술가와 주민들의 창조적 활동을 조직하는 사업이기도 하다. 도시 미관 개선사업과 공공미술 프로젝트의 차이점은 예술가가 공동체 안에서 일종의 디렉터 역할을 하느냐 고립된 개인적 예술가에 머무느냐, 이와 더불어 주민들이 단순한 방관자에 그치느냐 주도적이며 창조적인 참여자가 되느냐의 차이이다. 주민들이 주도적이고 창조적인 참여자가 됨으로써 주민들은 해당 예술품에 대한 창작자, 참여자로서의 수인의식이 형성될 뿐만 아니라 그 남상을 바라보면서 내술품에 대한 이해를 바꾸는 계기가 되는 것이다. 그 과정에서 말 그대로의 '공공성'이 확보되는 것이다. 실제로 마을 벽화를 그릴 때 그곳에 오래 거주한 주민들의 이야기를 바탕으로 자신들의 일상을 그림으로 형상화 하거나 학교 교문을 미술가들이 선생님은 물론 학생들과 오랜 시간 토론을 통해 함께 제안하고 창작한 사례들도 있다. 어느 날 갑자기 개학해 보니 학교 교문이 예쁘게 바뀌어 있는 것과 자기들의 이야기가 담겨 있는 교문을 바라보는 학생이나 선생님의 태도는 많이 다를 것이다.

이렇게 최근에 예술 작품의 창작 경향은 창작이 이루어지는 환경이나 장소의 공공적 성격에 더해 마을 주민이 참여하는 커뮤니티 아트, 창조적 활동의 형태로 다채롭게 발전해 가는 양상을 보이고 있다. 비단 시각 예술 뿐만 아니라 공연 예술도 마찬가지이고 시각과 공연 예술이 결합된 형태로 커뮤니티 아트가 진행되는 경우도 많다. 장르를 뛰어넘고 예술가와 주민들이 상호 소통함으로써 예술의 가치를 재확인하는 것에 더해 동네와 지역, 공적인 공간의 의미를 되새겨 보고 거기에 창조적 결과물을 만드는 것이 최근 커뮤니티 아트의 추세이다. 이런 커뮤니티 아트는 부수적으로 지역의 매력도를 더하고 그것이 조금 더 적극적으로 행해지면서 관광 효과를 거두는 경우도 있다.

대표적인 사례가 대구 삼덕동이다. 이곳은 담장 허물기를 국내에서 처음 시도한 곳으로도 알려져 있다. 민간이 자발적으로 담장을 허물고 혹은 담장에 벽화를 그리면서 공동체의 유대가 형성되었던 곳인데 매년 5월 4일, 어린이날을 전후로 한 때에는 '머머리섬 축제'가 열린다. 축제의 내용은 인형극과 마임, 주민들의 가장 행렬로 구성되어 있는데 집 앞의 마당, 마을 이동문고인 버스 안에서 공연이 이루어진다. 마을 곳곳에서 공연과 행사가 열리고 서로 함께 준비한 가장 행렬 복장을 하고 도심을 걸으면서 축제의 대미가 장식된다. 어린이날에 아이들과 힘겹게 놀이동산을 가느니 오히려 마을을 놀이동산으로 바꿔보자는 주민들의 제안으로 이뤄진 이 행사는 2011년까지 6회 행사를 치러냈다. 지역 예술가들도 무보수로 참여하는 자발적인 지역 축제에 많은 사람들이 관광을 온다는 것은 수억 씩 돈을 써가면서도 천편일률적인 이벤트로만 채워지는 일부 관변 축제의 실태에 비추어 볼 때 좋은 대안이 될 수 있는 것이다. 바로 이런 사례가 공동체 예술이라고 할 수 있다. 예술가들과 주민이 함께 주도적으로 참여하면서 지역을 공동체로 만들어 가는 것, 일상적인 생활의 공간을 예술적으로, 창조적으로 다시 생각해 보는 것이 공동체 예술의 핵심이라고 할 수 있는 것이다.

2. 지역 주민과 관광객이 공유하는 창조적 공간으로서 해수욕장

해수욕장이나 수변 공간 역시 이런 관점에서 접근해 볼 수 있다. 해수욕장을 포함한 수변 공간은 모두 바다를 끼고 있는 곳이다. 바다는 오랜 기간 사람들에게 신비의 장소이자 자연의 두려운 존재로 표상되어 왔다. 심청이는 바다에 빠져 왕비로 다시 태어났으며 문무왕은 바다에 묻혀 신라를 보호하는 용왕이 되었다. 바다는 또한 생활의 터전이기도 했다. 고기를 낚고 소개를 주워 생넝을 시녹시겼으며 생활 경제를 이끌어가는 터전이기도 했다. 풍어제는 이런 생활을 기반으로 만들어진 우리의 전통 무속이자 민속으로 자리 잡았다. 지금도 바닷가 마을에는 많은 전래 설화나 무속들이 존재하고 있다.

생활의 공간이자 신비한 두려움을 가진 신령스런 공간인 바다가 레저의 공간으로 바뀐 것은 근대사회로 들어와서부터이다. 근대 산업 자본주의 체제는 대규모 노동을 조직하여 더 많은 비용과 더 짧은 시간에 많은 상품들을 생산해내는 것을 목표로 했고 이는 자연스럽게 사람들의 노동 시간을 조직하도록 만들었다. 노동과 여가가 분리되었고 노동의 공간과 생활의 공간, 여가의 공간이 분리되었다. 많은 사람들이 동일한 시간에 출퇴근을 함으로써 공동의 여가 시간이라는 것도 출현하였다. 관광은 근대 산업 자본주의가 난숙하게 발전하면서 보편화되기 시작하였다. 관광과 유희, 오락은 여가를 더욱 효율적으로 보내기 위한 수단이었고 그것 자체가 상품이 되기도 했다. 해수욕장 역시 유흥과 여가를 위한 공간으로 탈바꿈하게 되고 해수욕장과 더불어 빼어난 경관을 갖고 있는 수변 공간이 관광지로 탄생하였다.

우리나라에서 해수욕장이 만들어진 것은 1913년이다. 부산의 암남동이란 곳의 송도 해수욕장이 한국 최초의 해수욕장이다. 일제 강점 이후 부산으로 이주해오는 일본인이 늘어나면서 이들을 위한 여가 공간을 제공할 목적으로 조성되었다고 한다.[1] 식민지 시대 대부분의 조선인들은 여가를 보낼 여유가 없었을 것이다. 그럼에도 불구하고 해수욕은 서구적 근대를 상징하는 표상으로 읽히기도 했다. 김남천의 미완의 소설 『낭비』를 보면 조선 부유층의 젊은 지식인들이 원산 해수욕장에서 피서를 즐기는 장면이 나오기도 한다.

어쨌거나 오늘날 해수욕장은 많은 사람들이 여름철 피서지로 찾는 대중적 여가 공간의 하나이자 관광지가 되었다. 그런데 해수욕장이라

---

1 위키 백과사전(http://ko.wikipedia.org/wiki/) '해수욕장 항목 및 송도해수욕장 항목' 참조.

는 관광지는 관광객에게는 일상을 탈피한 여가 공간이지만 해수욕장이 있는 곳에서 살아가는 주민들에게는 생활의 장소이다. 생활의 터전으로서 해수욕장과, 레저 공간이나 여가 공간으로서 해수욕장은 서로 충돌할 수밖에 없다. 주민들과 관광객은 서로 다른 목적을 사이에 두고 때때로 갈등하기도 한다. 피서철만 되면 등장하는 바가지요금이나 쓰레기의 범람 같은 것은 그런 문제들의 일단일 것이다. 그렇지만 주민 입장에서 보면 더 많은 관광객이 자기 고장의 해수욕장을 찾아와야 더 많은 수익을 올리고 생활도 안정된다는 평범한 상식을 모를 리 없다. 주민과 관광객이 서로 어울려 형성되는 곳이 여름철의 해수욕장이고 휴일의 수변 공간이다. 해수욕장이나 수변 공간에서 이루어지는 다양한 이벤트들은 관광객에게는 즐거움을 주고 주민들에게는 더 많은 경제적 이득을 올리기 위한 수단이다.

그렇지만 해수욕장에서 이루어지는 대부분의 이벤트들 가운데에 주민이나 관광객이 주가 되는 경우는 거의 없다. 모두 관람자이고 방관자이다. 바다 축제라는 이름으로 개최되는 여름철 해수욕장의 이벤트는 대부분 잘 기획되지 않은 공연물들이다. 질 낮은 공연과 노래 자랑, 급조된 체험 행사들이 프로그램의 주류를 차지하고 있다. 전국 대부분의 해수욕장에서 이루어지는 여름철 이벤트는 모두 비슷하다. 주민도 관광객도 짧은 유흥을 즐기고 소음 같은 음악 소리를 당연한 것으로 여긴다. 관광객이 참여하는 노래자랑도 사실은 관광객 스스로가 주인이 된 것처럼 보이지만 그냥 등장인물 가운데 하나일 뿐이다. 출연자도 대상화된 소품에 불과한 것이 여름철 해변가의 노래자랑이다.

해수욕장을 공동체 예술, 공공 예술적 관점에서 창조적으로 접근하는 것이 필요한 것은 이 때문이다. 저마다 비슷한 공연 행사, 관광객과 주민 모두 배제된 1회성 이벤트가 아니라 해수욕장 역시 이야기와 문화가 있는 공간, 주민들과 관광객이 서로 소통할 수 있는 창조 공간으로 기획하는 것이 불가능한 일은 아닐 것이다. 더구나 최근 전통 재래시장에서 문화콘텐츠를 도입하여 상인도 손님도 모두 만족을 주듯이 해수욕장을 바라보는 시각을 전환한다면 관광지로서의 매력도를 높이고 해수욕장에 대한 대중의 선입관을 바꿔 놓을 수 있는 계기가 될 수 있는 것이다. 그것은 궁극적으로 해수욕장의 문화가 달라지고 수변 공간을 구성하는 내용도 더욱 풍성해지는 것을 의미한다. 공공예술프로젝트 혹은 커뮤니티 아트 프로젝트를 해수욕장과 수변 공간에 도입함으로써 관광지로서의 매력도를 높이면서 주민과 관광객의 문화 참여를 기획해 보는 것은 분명 의미 있는 일일 것이다.

3. 사례 : 섬 공공미술프로젝트

인천문화재단은 2009년부터 섬과 선착장을 대상으로 공공예술프로젝트를 시행하고 있다. 인천 앞바다에는 많은 섬들이 있지만 대부분 똑같은 모양의 선착장과 관광지가 조성되어있다. 선착장은 매일 많은 섬 주민들과 관광객이 이용하는 매우 중요한 공공 시설물임에도 불구하고 특성 없이 황량한 모습을 하고 있다는 현실에 대한 고려와, 섬 주민들이 자신이 살아가는 마을과 섬에 대한 애정에도 불구하고 그것이 적절히 표현될 방법이 없었다는 점을 고려하였다. 더구나 섬 주민들이

야말로 문화로부터 소외된 계층이므로 이들을 대상으로 문화적 혜택을
주는 것이 중요하다는 판단도 있었다. 그런데 1회성 행사로 공연을 기
획한다고 하더라도 TV나 대중매체에서 접하는 이상의 의미를 주기 어
렵다는 생각에 이를 공공 예술 방식으로 풀어나가기로 한 것이다. 섬
주민과 학생들을 대상으로 그들이 속한 공동체와 섬의 특성을 고민하
게 하고 그것을 예술작품으로 외화시키는 사업을 일정기간 지속함으로
써 한편으로는 그 섬의 특색을 찾아 매력도를 높이고 다른 한편으로는
주민들에게 색다른 문화적 경험에 동참하도록 하였다.

　재단에서는 사업의 진행을 위해 전문가와 재단이 참여하는 운영위원
회를 구성하였고 사업 공모를 받아 공모에 당선되는 단체와 개인이 사
업을 주도적으로 이끌어 가되 운영위원회와 지속적인 협의를 하도록
하였다. 여기에 행정적 협조를 위해 섬이 위치한 기초자치단체가 행정
지원을 할 수 있도록 협조를 구했다. 그런데 2009년 처음 사업을 시행
할 때 인천문화재단에서는 1차 공모 심사에서 2~3건을 채택하고 이들
에게 우선적으로 주민들을 대상으로 제안된 사업을 시행하고 그 실행
력이 검증되어 결과가 우수할 것으로 예상되는 한 곳에 최종적인 지원
을 결정하는 것으로 방침을 정했다. 이는 사업이 실패할 가능성을 고
려해 다양한 시도를 할 수 있도록 함과 동시에 섬 주민들에게 조금 더
많은 문화적 혜택이 돌아갈 수 있도록 배려한 것이었다. 다만 이런 방
식으로 사업을 진행하다 보면 한정된 예산 안에서 최종 선정된 곳이라
고 하더라도 한꺼번에 많은 지원을 받지 못하는 문제점이 발생한다.
그런 문제에도 불구하고 사업이 진행되는 과정 자체를 중요시하는 원
칙에 비추어 더 많은 주민들이 참여할 수 있도록 하는 것을 1차적인

목적으로 삼고 조형물의 설치나 비용이 많이 들어가는 하드웨어적 사업을 하는 것은 지양하였다. 예산 규모를 감안하여 상대적으로 주민들에게 더 많은, 그리고 더 다양한 영향을 줄 수 있는 결과를 만들어 보자는 의도였다. 2009년에는 덕적도가 최종 채택되었고 이때에는 학생들이 주도적으로 참여하였다. 지금도 덕적도 선착장에는 사업 결과물이 커다란 빨간 우체통으로 남아있다.

2010년에는 집중과 선택이라는 관점에서 대이작도만을 1, 2차에서 단독으로 선정하여 사업을 진행하였는데 학생보다는 일반 주민들이 참여하는 방안을 중심으로 추진하였다. 대이작도에는 학생의 거주 비율이 높지 않았던 까닭도 있었다. 2010년의 경우에는 특히 사업 결과를 마을 축제로 만들어 시행하기도 하였다. 대이작도의 자연환경에 착안하여 마을 공유지 두 곳에 정원을 만들고 마을 노래와 그림책을 만들었다. 꽃이 피는 2011년 6월 마을 축제를 개최하였는데 공중파 방송에 소개될 만큼 주목을 끌기도 했다. 주민들의 절대적인 협조가 필요한 사업이었고 마을 부녀회를 중심으로 워크숍을 진행하여 주민 스스로의 자발성을 이끌어 내도록하기 위해 프로젝트에 참여하는 예술가들이 다양한 기획을 하였다.

대이작도의 경우 애초 사업의 목적은 섬 지역의 일상적이고 다각적인 공공 예술 활동을 지원하고 도서 지역의 장소, 지리, 문화적 특성과 연계한 특색 있는 지역문화 창조 및 발굴, 그리고 섬 주민들의 문화 예술 참여 및 향유의 기회를 확대하는 것과 더불어 문화적 주체성 함양을 도모하는 것이었다. 이런 목적에서 대이작도의 민박 및 공유지의 환경을 개선하고 나아가 시각 환경 개선과 관련된 프로젝트를 진행하여, 대이작도 관광산업 활성화를 유도하는 방향도 내용에 첨가하였다. 인천문화재단과 공모에 선정되어 사업을 주관한 단체(티팟)는 주민들이 이런 경험을 토대로 이후 사업을 주체적으로 운영하고 활용할 수 있도록 하는 방향에 초점을 맞춰 프로그램을 진행하였다.

사업을 시행하는 초기에는 주민들의 이해 부족으로 많은 갈등이 빚어지기도 하였으나 점차 사업이 진행되면서 섬 외부에서도 관심을 갖고 결과물에 대한 반응이 오자 주민들의 태도도 바뀌었다. 이렇게 섬이라는 한정된 공간을 대상으로 주민들이 참여하는 사업이 예술가 단체를 중심으로 진행된 것은 최초가 아닌가 한다. 덕적도에서 진행된 프로젝트는 학생들이 주도적으로 참여함으로써 큰 어려움이 없었지만 주민들에게 직접 미치는 영향은 크지 않았던 데에 비추어 볼 때 대이작도 프로젝트는 중요한 참조 사례가 될 만하다.

[사진-1] 마을에 조성된 정원 모습

[사진-2] 마을에 조성된 정원 모습

[사진-3] 부녀회 워크숍　　　　[사진-4] 부녀회 워크숍

[그림-1]
주민과 함께 만든 섬 안내도

4. 시사점과 제언

앞에서 살펴본 사례를 통해 몇 가지 시사점을 얻을 수 있다. 첫 번째
는 해당 자치단체나 정부의 관련 부서와 같은 정책 결정 그룹의 의지
이다. 해수욕장과 수변 공간에 대한 관점을 전환함으로써 새로운 실험
과 시도가 왕성하게 일어날 수 있도록 지원하는 일이 필요하다. 공공

영역에서 좋은 선례를 만들어 내고 그것의 효과가 알려지게 되면 민간 영역에서도 새로운 시도를 할 수 있을 것으로 보인다.

두 번째로 필요한 것은 시민들의 의식 전환이다. 주민이나 관광객의 생각이 변화함으로써 새로운 실험은 지지를 얻을 수 있다. 그렇지만 주민들의 의식이나 관광객의 생각은 계몽적인 교육만으로 바뀌는 것은 아니다. 오히려 새로운 사업에 참여하는 기회를 확대함으로써 그 과정 속에서 시민들의 의식도 바뀔 수 있는 것이다. 틀에 박힌 관광 유형에서 벗어날 수 있는 다양한 선도 사업을 개발하여 실패와 성공을 반복하는 과정에서 의미 있는 모형들을 추출해 낼 수 있을 것이다.

세 번째로는 창의적인 예술가들의 저변 확대이다. 이런 사업이 늘어난다고 해도 사업에 참여하고 기획을 하면서 동시에 창작에 임할 수 있는 예술가들이 존재하지 않는다면 사업은 성공하기 어렵다. 사회적으로 예술의 변화에 유연하게 대응할 수 있는 신진 예술가들을 적극 육성하고 지원하는 프로그램들이 늘어나야 한다.

결과적으로 이런 시사점을 통해 알 수 있는 것은 해수욕장이나 수변 공간을 대상으로 한 공공 예술 사업이 다양하게 시도될 수 있도록 국가나 지방 정부, 혹은 공공 기관의 지원, 그리고 기업들의 기부가 왕성하게 일어나는 것이 필요하다는 점이다. 그렇게 된다면 일정한 과도기와 시행착오를 거쳐 새로운 해수욕장과 수변 공간, 그리고 거기에서 일어나는 새로운 관광 유형과 행위들이 하나의 흐름을 형성할 것이고 그런 흐름은 자연스럽게 자기 발전의 과정을 겪을 것으로 기대할 수 있다.

4.1 공공예술프로젝트의 응용

공공 예술 사업의 대상을 해수욕장과 수변 공간과 연계된 영역으로 설정하여 집중 지원하는 사업이 정책 대안으로 우선 제시될 수 있다. 위에서 사례를 든 인천문화재단의 섬 공공예술프로젝트가 한 참조점이 될 수 있다. 그런데 정책 효과를 높이기 위해 해수욕장과 수변 공간이 연계된 장소를 선택하는 것과 더불어 해당 장소를 다년간 집중 지원함으로써 사업의 의미 있는 결과물을 얻는 것도 적극 검토해야 한다. 그래야 그런 모델이 다른 지역에도 영향을 줄 수 있을 것이기 때문이다.

일단 이런 사업은 전문성을 갖춘 기관에서 사업을 총괄 관리하되 예술가들의 자발적인 아이디어를 도출한다는 의미에서 공모 지원 사업 방식으로 시행하는 것이 좋다. 다만 공모 제안 방식에서 몇 가지의 가이드라인을 제시하여 그런 틀 안에서 진행될 수 있도록 유도한다. 예컨대 주민의 지속적 참여 방안 제시, 해당 지역의 문화적 자원 활용, 유형적 결과물의 제출, 시각 환경의 개선과 관광 매력물 조성 등의 내용이 포함된 제안을 제출하라는 등의 가이드라인을 만들어 놓는 것이 좋다. 채택된 공모 제안에 대해서는 제안자 혹은 그룹을 예술 감독으로 임명하고 사업에 대한 결정권과 추진권한을 주고 사업 예산을 지원하는 방식으로 보상을 한다. 그런데 사업이 추진되는 과정에 대한 관리도 중요하고 해당 자치단체의 행정적 지원도 필요하므로 이들이 참여하는 운영위원회를 구성하여 문제가 발생할 때 공동으로 해결책을 찾아가도록 하는 방식도 적극 도입해야 한다.

4.2 이야기 발굴과 콘텐츠의 다양한 기획

특정 해수욕장을 대상으로 관광객과 주민이 참여하는 스토리콘텐츠와 이야기 지도를 만드는 사업, 혹은 그런 콘텐츠를 활용한 홍보 사업 또한 대안으로 생각해 볼 수 있는 사업이다. 주민이나 관광객이 방문한 해수욕장에 대한 경험, 사연, 일상의 풍경이나 이야기들을 간단하면서도 다양한 방식(그림이나 사진, 글 등)으로 표현토록 함으로써 그것을 책자나 마을 간판, 해수욕장을 안내하는 사인물, 해수욕장 광장 등의 보도블록 조성 등에 활용하는 것이다. 예술가들이나 문화기획자들이 참여하여 다양한 아이디어를 제출하면 이런 콘텐츠 자원을 활용한 사업들의 기획도 가능하다. 이런 사업을 통해 마을 주민들은 자기 지역에 대한 새로운 소속감이 생기고 관광객은 재방문의 의욕을 갖게 된다는 효과도 발생할 수 있다. 아울러 다른 해수욕장과 차별되는 그곳만의 매력물을 창조하는 방법이 될 수 있기도 하다.

4.3 해수욕장 커뮤니티 댄스 워크숍

여름철 해수욕장은 항상 야외 활동이 일어나는 공간이다. 레저와 스포츠가 일어나는 공간에서 커뮤니티 댄스 워크숍을 진행하는 것은 공연 예술과 관련한 대안 사업으로 생각해 볼 수 있다. 커뮤니티 댄스는 유럽을 중심으로 새로운 공동체 예술의 일환으로 활성화되고 있다. 댄스 워크숍에 참여함으로써 주민, 가족 간에 새로운 관계를 형성하고 함께 춤을 배우면서 경계의 벽을 허무는 것이다. 며칠 동안 댄스 강좌가 진행되고 그것을 발표하는 행사로 기획되는데 그것은 기획에 따라

기간을 길게도 짧게도 조정할 수 있다. 다만 일반 댄스 기능을 배우는 강좌가 아니라 배우면서 함께 즐거워하고 새롭게 소통하는 기회를 만드는 것이 차이점이다.

커뮤니티 댄스는 춤을 통해 공동체의 정신이 살아나는 것이라고 할 수 있는데 이런 댄스 워크숍을 해수욕장에서 진행함으로써 관광객과 주민들에게는 색다른 경험을 갖게 하고 휴가의 의미, 해수욕장이 있는 마을 사람들의 생활, 가족과 연인의 관계 등을 즐겁게 다시 생각할 수 있는 기회가 자연스럽게 주어지는 것이다. 대중 가수들이 등장하는 공연이나 주민이나 관광객 대상의 노래자랑과는 그 방향이 다른 공연 프로그램이다. 주민과 관광객이 주인이 되고 문화예술을 통해 소통함으로써 타인을 이해하고 지역을 이해하는 프로그램의 대안이 될 수 있을 것이다.

제 3 부

지역문화의 새로운 거점-문화재단

문화재단 설립, 왜 러시인가?

　최근 2~3년 간 지방자치단체의 문화재단 설립이 러시를 이루고 있
다. 기왕에 광역자치단체가 설립한 서울, 경기, 인천, 강원, 광주, 제주
등의 문화재단과, 기초자치단체가 설립한 부천, 고양, 성남, 부평, 전주,
서울 중구의 문화재단 이외에 최근 들어와 설립되었거나 설립 검토 중
인 문화재단만도 상당한 숫자이다. 지난 3년 이내에 부산문화재단, 대
구문화재단, 경남문화재단, 충북문화재단, 대전문화재단, 전남문화재단
이 출범하였고, 전북도 출범 준비를 끝냈다는 소식이다. 이제 남은 것
은 충남과 경북, 울산 정도이다. 기초자치단체 가운데에는 최근 서울의
구로와 마포, 창원, 춘천, 원주, 서울 강남 등이 문화재단을 설립 운영
하고 있으며 다른 여러 기초자치단체에서도 설립을 구체적으로 추진한

다고 들은 바 있다. 총 30여 개가 훨씬 넘는 자치단체 설립 문화재단이 운영 중에 있다. 문화재단 설립은 이제 하나의 정책적 트렌드가 되어버린 느낌이다.

그렇다면 왜 이런 현상이 나타나는 것일까. 우선 우리나라의 문화정책이 민간주도로 나아가고 있다는 큰 흐름 속에서 이런 현상을 이해할 수 있다. 한국문화예술위원회의 설립을 비롯해서 중앙과 지방 모두 문화예술 영역을 민간의 전문 기구에 위임함으로써 새로운 거버넌스 시스템이 문화 분야에서 자연스럽게 자리 잡기 시작한 것이다. 지방자치단체가 설립한 민간 중심의 문화재단이 과거 지방정부가 담당했던 역할을 일정부분 이관 받음으로써 공적 역할을 수행하게 되었다는 것은 민과 관의 바람직한 협치 모델로 꼽아도 좋을 것이다. 실제로 기존에 설립된 문화재단들은 저마다 지역 특성에 어울리는 새로운 사업모델을 발굴함으로써 중앙 위주, 혹은 관료 중심 문화정책의 한계를 뛰어넘었다는 평가를 받고 있다. 여기에 문화가 갖고 있는 자율성과 전문성을 존중해야 한다는 당위적인 주장도 설득력을 얻으면서 이제는 각 지역마다 경쟁적으로 문화재단 설립을 서두르고 있는 상황이 도래하게 된 것이다.

이와 더불어 또 하나 간과할 수 없는 것은 중앙정부의 권한을 지방으로 이양하는 정책 흐름이다. 정부의 권한 가운데 부시할 수 없는 것이 막대한 재정 운용권인데, 최근 문화 영역에서는 중앙정부 및 문화예술위원회의 일부 정책 집행, 즉 재정의 집행을 지방으로 이양하는 추세가 강화되고 있다. 중앙정부나 기구의 재정이 지방으로 넘겨져 지역 특성에 맞는 사업들에 투여되는 방식이 지방분권의 한 방식이라고

이해할 때, 지역의 문화재단은 그런 사업을 하기에 적절한 시스템이라
고 이해되기 시작한 것이다. 실제로 지방에서 문화재단 설립을 서두르
는 데에는 이런 재정지원의 혜택을 받아보자는 의도도 강하게 작용하
고 있다. 중앙정부나 문화예술위원회의 입장에서 보더라도 지역에 기
반을 두고 문화적 전문성을 갖춘 공적 기구가 있을 때 그 기구에 재정
을 지원하는 것이 그렇지 않은 곳보다 정책 효과의 측면에서 보았을
때 더 효율적이고 안정적이라는 판단을 할 수 있을 법 하다. 그런 까닭
에 문화체육관광부나 문화예술위원회의 입장에서는 문화재단이 설립
되어있는 지역에 더 많은 재정지원을 하는 방향으로 정책이 흐를 수밖
에 없는 것이다.

이런 이유들로 인해 지방정부에서는 문화재단이 있는 것이 여러모로
유리할 것이라는 판단에서 설립을 서두르는 것이라고 볼 수 있다. 재
단을 설립하면 중앙정부의 예산지원을 더 받을 수 있겠다는 판단을 지
방정부도 하기 시작한 셈이다. 여기에 다른 지역도 재단을 설립하니까
우리도 있어야 되겠다는 경쟁심리가 발동하는 면도 없다고 할 수는 없
겠고, 일부에서는 지방정부 수장들의 자리 늘리기를 위해서 재단이 설
립되는 경우도 배제할 수는 없을 것 같다.

그런데 정작 생각해 보아야 할 것은 과연 문화재단이 무엇을 해야 하
는가, 또 어떤 사람들에 의해 어떻게 운영되어야 하는가에 대한 지역사
회의 합의이다. 재단 설립을 서두르면서도 과연 문화재단이 무엇을 하는
곳인지, 누가 운영할 것인지를 두고 동상이몽을 하는 경우를 종종 보아
왔다. 게다가 광역자치단체가 설립한 문화재단과, 기초자치단체가 설립
한 문화재단 사이의 역할에 대해서도 이해가 상충되고 혼란을 겪는 경우

또한 적지 않다. 광역자치단체의 문화재단이 해야 할 역할을 기초자치단체의 문화재단을 향해서도 똑같이 요구하는 경우도 없지 않은 것이 현실이다.

예컨대 현재 문화예술진흥법에 따르면 특별시장과 광역시장, 그리고 도지사는 지방문화예술의 진흥을 위해 위원회 또는 재단법인(이하 위원회 또는 재단을 재단으로 통칭)을 설립할 수 있게 되어있으며 국가는 지방 문예진흥기금 일부를 매년 이들 자치단체 또는 재단에게 교부하고 있다. 따라서 광역자치단체에서 설립한 문화재단은 법에 명시된 문예진흥기금 지원 사업을 중심으로 지방의 문화예술진흥을 위한 여러 사업들을 하고 있다. 여기에 대부분의 광역자치단체는 자체적으로 조성된 문예진흥기금을 관리, 운용하는 일을 재단에 위임하고 있기도 하다.

그러나 기초자치단체가 설립한 문화재단은, 지방마다 사정은 다르겠지만, 이런 사업을 추진하기가 쉽지 않다. 문예진흥기금의 규모도 크지 않거나 아예 없는 자치단체도 적지 않기 때문이다. 게다가 중앙정부로부터 기금의 수혜를 받는 것도 아니므로 기금사업에 주력하는 것에서 자기 역할을 찾는 것은 쉽지 않다. 그런 까닭에 현재 설립된 기초자치단체 출연 문화재단의 경우는 문화시설을 관리 운영하는 데에 주요한 기능이 맞춰져있는 상태이다. 부천, 성남, 고양, 부평, 서울시 중구 등 비교적 초기에 출범한 문화재단들은 공연장, 박물관, 기타 문화기반시설을 운영하고 있는 형태가 대부분이며, 이후 설립된 마포와 구로 등의 문화재단도 마찬가지 역할을 하고 있다.

결국 다소 도식적으로 구별하자면 광역자치단체가 설립한 문화재단이 문예진흥기금을 토대로 지원사업을 하고 있다면 기초자치단체 출연

재단은 문화기반시설을 운영하는 형태라고 정리될 수 있다. 그러나 이역시 명확히 대별되는 것은 아니다. 최근 광역기반의 문화재단들도 문화기반시설을 운영하고 있는 사례가 늘어가고 있으며 일부 기초자치단체 출연 재단들도 크지는 않더라도 기금 지원사업을 하고 있기 때문이다. 그럼에도 불구하고 광역자치단체 기반 재단들의 존립근거가 기금에 있다면 기초자치단체 재단의 존립근거는 문화시설에 있다고 해도아주 잘못된 말은 아닐 것이다. 최근 여러 지방정부에서 설립 준비 중인 재단 역시 이런 틀에서 이해하고 접근할 수 있지 않을까 한다.

그렇다면 문화재단 운영 방식은 어떠해야 할 것인가. 재단이 독립성과 자율성을 갖고 운영되기 위해서는 적절한 제도적 안전장치의 마련과 사업을 안정적으로 추진할 수 있는 재정지원, 지역 여건을 잘 이해하고 행정과 문화예술에 대한 기본적 이해가 있는 유능한 인재 채용등의 삼박자가 고루 갖춰져 있어야 한다. 물론 이것은 재단의 역할과위상에 대한 지역 문화예술계의 합의를 전제로 할 때 가능한 이야기이기도 하다.

지역 문화예술인들은 오랜 관행 탓으로 재단 설립을 아전인수격으로만이해하는 경향도 없지 않다. 여기에 재단 설립에 따른 과도한 기대감마저작용하게 되면 오히려 재단 설립이 지역문화를 후퇴시키고 문화예술계의반목과 갈등만 초래하는 결과를 불러올 가능성도 있다. 특정 그룹이나 단체가 문화재단의 주도권을 놓고 다툼하는 경우가 발생하지 말라는 법이없으며 마치 재단을 문화예술인들을 위한 일자리 창출로만 이해하는 측면도 예상할 수 있다. 따라서 재단에 근무하는 직원들은 문화예술인들이어야 하고 재단의 수장 자리도 문화예술인들이 차지해야 한다고 생각할 수 있다.

 그렇지만 중요한 것은 재단이 지역문화진흥을 위해 무엇을 해야 하고 공공기관에서 일하는 사람들의 자질이 어떠해야 하는가를 따져보는 일이다. 자칫 본말이 전도되면 문화재단은 갈 길을 잃고 표류할 가능성도 많다. 왜냐하면 문화재단이야 말로 지역 사회 내에서 문화와 관련된 핵심적 지형이 변화되는 계기가 될 것이기 때문이다. 눈앞의 이익에만 급급하다 보면 자리다툼과 이권 갈등의 장으로 변질될 가능성은 언제든지 현실로 바뀔 수 있다. 그런 점에서 재단 설립은 서두를 일이 아니라 지역사회에서 충분한 토의와 합의를 이끌어내면서 추진하는 것이 옳다. 행정편의주의에 기반해서 성과를 내기 위해 관 주도로만 추진되어서도 안 될 일이며 공공의 합의 없이 특정 그룹이 주도해서도 될 일이 아니다.

 문화재단은 지원금의 배분, 문화시설의 효율적 활용 등 문화를 둘러싼 문화예술계의 핵심적인 문제들과 밀접히 연결되어 있다. 그러나 잊지 말아야 할 것은 문화예술계만을 위한 지원금과 문화시설이 아니라는 점이다. 궁극적으로는 시민과 지역 주민의 문화향수권을 확대하고 지역문화예술인들의 창작역량을 키움으로써 그 혜택을 지역의 주민들이 누릴 수 있도록 하자는 것이다. 사실, 지역의 예술인들이 더 많이 고민해야 할 것은 자신의 예술적 역량과 예술가로서의 가치 지향을 어떻게 창작으로 연결시킬 것인가에 대한 성찰이다. 예술의 사회적 역할과 공공성에 대한 고민 역시 그것과 먼 거리에 있는 것은 아니다. 자신들의 치열한 예술적 활동이 자연스럽게 시민들에게 향유되고 이해됨으로써 예술가들은 다시 자신의 창작활동에 더욱 전념할 수 있는 동력을 얻게 된다. 그것은 더 넓게 보면 우리 공동체의 문화적 역량을 키우는 일이고 문화를 향유할 줄 아는 교양 있는 성숙한 시민사회로 가는 길이기도 하다. 문화와 예술을 일상적으로 향유하고 누릴 줄 아는 시민, 치열하게 창작활동에 전념하는 예술가들이 많은 사회가 교양이 넘치는 성숙한 시민사회일 것이다.

문화재단이 해야 할 일은 그런 바탕과 여건을 조성하는 일이다. 지원사업을 합리적으로 기획하고 운영하며 문화시설이 어떻게 지역문화를 활성화시키는 방향으로 운영되어야 할 것인가를 고민하는 것이 문화재단이 해야 할 일이다. 지역의 문화재단은 자신이 가야할 길, 해야 할 일을 잊지 않을 때 소기의 성과를 거둘 수 있다. 재단이 이런 임무를 방기하면 오히려 지역문화예술계를 반목의 길로 끌고 갈 수도 있다. 아울러 재단이 소기의 성과를 거둘 수 있도록 관료와 문화예술인들과 시민들 모두 관심과 애정은 갖되 자신의 마음은 비울 줄 아는 자세가 필요하다. 그런 태도를 가질 때 그것은 결국 지역문화를 살찌울 수 있는 지름길이 될 것이다.

지역 문화재단, 왜 필요한가

1. 한 가지 전제 – 문화재단에서는 어떤 사람이 일을 하는가

이 글은 지역 문화재단이 지속적으로 설립되고 있는 현실에서 과연 지역 문화재단이 지역문화를 활성화시키는 데에 어떤 역할과 기여를 할 수 있을 것인지를 검토한 것이다. 그렇지만 본격적인 논의에 앞서 한 가지 전제할 것이 있다. 왕왕 지역 문화재단을 놓고 상반된 시각이 존재하기 때문에 이런 전제를 확인하고 넘어가는 것이 논의의 효율성을 위해 필요한 일일 것 같다.

그 상반된 시각이라는 것은 문화재단에 대한 과도한 기대나 혹은 재단에 대한 부정적 선입관이라고 할 수 있다. 문화재단에 대한 과도한 기대는 마치 문화재단이 설립되면 지역문화가 당면하고 있는 문제들이 일거에 해결될 수 있을 것으로 생각하는 경향이다. 이런 생각들은 지역 문화재단 설립을 촉구하는 동력이기는 하지만 재단을 올바로 이해하는 시각이라고 보기 힘들다. 더구나 이런 생각은 재단에 대한 부정적 편견으로 곧바로 뒤바뀌기도 한다. 기대와 달리 눈에 보이는 성과가 없게 되면 금방 부정적인 의견으로 바뀌게 되는 것이다. 다른 한편, 재단에 대한 부정적 선입견 역시 마찬가지이다. 마치 문화재단을 일종의 또 다른 예술단체처럼 생각해서 지역에서 활동하는 예술인들의 몫을 빼앗아 가는 것처럼 생각하곤 하는데 이는 재단의 역할에 대한 오해로부터 비롯된 것이다.

그러나 이런 경향들도 정작 따지고 보면 지역의 문화재단이 자신들의 역할을 충실히 수행하지 못했기 때문에 나타난 현상일 수도 있다는 점을 간과해서는 안 될 것이다. 따라서 지역의 문화재단이 지역의 문화를 발전시키고 활성화시킨다는 것을 주장하기 이전에 재단의 모습이 어떠해야 할 것인가를 반성적으로 점검할 필요가 있다. 경우에 따라서는 지역 문화재단이 오히려 지역문화 활성화를 가로막는 주범이 될 수도 있다는 생각을 할 때에라야 지역문화 발전을 위해 재단이 스스로를 점검하는 기제가 발동할 수 있다. 그렇지 않으면 말 그대로 지역 위에 군림하는 부정적 의미의 문화권력 집단으로 인식되어 결국에는 새난 무용론에 스스로 가담하는 꼴이 되기 십상이다.

그러므로 본격적인 논의에 앞서 바람직한 지역 문화재단이 어떠해야 할 것인가를 우선 확인함으로써, 그런 문화재단이 지역에서 설립되었을 때 어떻게 지역문화를 다양하게 활성화시키는 역할을 할 수 있는가를 검토해 보기로 한다. 요컨대 지역 문화재단과 지역문화 발전의 상관관계를 따지기 위해서는 지역 문화재단의 바람직한 모습을 우선 확인하는 일이 필요하다는 것이다.

그런 점에서 지역에 설립되고 있는 문화재단에서 먼저 주목해 보아야 할 것은 문화재단에서 일하고 있는 직원들의 자질이나 역할 모델이다. 아무리 우수한 제도를 마련하고 재정적으로 뒷받침한다고 해도 그 조직에서 일을 하는 사람들의 역량이 부족하거나 자질에 문제가 있다면 기대하는 성과를 내기 어렵기 때문이다. 일은 사람이 하는 것이라는 평범한 상식이 재단이라고 해서 예외가 될 수는 없다. 결국 문화재단은 지역의 우수한 문화 역량을 가진 인재 집단이어야 한다는 것이 전제가 되었을 때 지역의 문화 발전도 논의될 수 있다는 것이다. 재정을 아무리 투여해도, 재단의 독립성을 충분히 확보해 주어도 재단에서 일을 하는 사람들이 적재적소에서 자신의 역량을 발휘하지 못한다면, 혹은 근시안적인 성과 위주의 사고에 잡혀있다면, 행정 능력과 투명성이 없다면, 아니면 관료적 태도를 쉽게 바꾸지 않는다면 그 문화재단은 지역문화 발전을 위해 긍정적 역할을 한다고 보기 어려울 것이다.

그랬을 때 문화재단이 생각하는 바람직한 직원의 모습은 문화매개자로서의 전문성, 지역에 대한 열정, 유연한 행정능력과 네트워크 능력을 갖춘 사람이다. 자기가 하는 일에 대한 전문성을 갖고 있어야 지원프로그램을 기획하건 독자적인 문화사업을 기획하건 지역문화 활성화를 위해 의미 있는 성과를 낼 수 있다. 여기에서 말하는 전문성이라는 것은 문화예술에 대한 보편적 지식에 토대를 둔 기획력과 판단력을 의미한다. 그런 기획력과 판단력이 없이 재단의 사업을 이끌어간다는 것은 어불성설이다. 다음으로 중요한 것은 지역에 대한 애정과 열정이다. 지역 문화재단이 기반을 두는 곳은 바로 지역이다. 지역에 대한 애정과 열정이 없다면 그런 사람에게는 사업에 임하는 열의가 결여될 수밖에 없고 재단은 단순히 돈 버는 직장으로 전락하게 된다. 그건 재단에게도 당사자에게도 모두 좋지 않은 결과만 가져오게 된다. 그렇다고 지역에 대한 열정이 꼭 그 지역 출신이거나 연고만을 의미하는 것은 아니다. 지역 연고에 관계없이 지역을 이해하고 지역이 당면한 문제에 대해 고민할 줄 아는 자세가 필요하다. 마지막으로는 유연한 행정능력과 네트워크 능력이다. 문화재단은 계획된 사업을 정해진 법규와 규정, 그리고 편성된 예산 안에서 추진해 가야 하는 공공기관이다. 사업을 추진하는 합리적 로드맵을 그려내고 그것을 실현시켜 가는 것이 행정능력이다. 그런 행정능력이 결여된 사람이거나 행정능력을 받아들일 준비가 되지 않은 사람은 재단 직원으로서는 결격이라고 말할 수밖에 없다. 종종 문화예술계에서 일하는 활동가들에게 행정을 그다지 중요하지 않게 여기는 습성을 발견하곤 한다. 그런데 이는 잘못된 자세이다. 시민과 국민의 세금을 집행하는 사람으로서 공공적 책임이 중요하지 않을 수 없다. 공공적 책임을 다하기 위해서는 법규와 규정, 예산을 존중할 줄 아는 자세가 필요하다. 그런데 여기에 '유연한'이라는 조건을 붙여놓은 이유는 그것을 상황에 맞게 적절히 융통할 줄 아는 자세 또한 필요하다는 점을 강조하기 위함이다. 규정에만 얽매이는 것은 관료주의에 다름 아니고, 때때로 절차의 문제에 사로잡혀 정작 사업 자체가 갖는 중요성을 간과하는 사례도 있기 때문이다. 아울러 지역 문화예술인들과 공무원, 기자, 시민들과의 소통능력 또한 중요하다. 문화재단 직원으로 사업을 추진하면서 만나게 되는 사람들과 적절하게 소통할 줄 알아야 사업이 원활하게 추진되는데, 자기 안의 성(城)에만 갇혀있게 되면 그 역시 문제가 되지 않을 수 없다.

결국 문화예술에 대한 전문성과 지역에 대한 열정, 유연한 행정능력과 네트워크 능력이 모두 합쳐졌을 때 바람직한 문화재단의 인재가 될 수 있고, 이런 사람들이 모인 집단이 문화재단이라면 재단 자체에 대한 위상도 높아질 수 있다. 그렇게 되면 당연히 재단이 시행하는 여러 사업들에서도 긍정적인 성과를 낼 수 있을 것이다. 그리고 그런 것이 종합되었을 때 지역문화 발전에도 분명한 기여를 할 수 있다고 본다. 현재는 대부분 지역 문화재단이 설립되어 운영되는 초기 단계이므로 재단 직원들에 대한 교육 훈련이 중요할 터인데 문화재단 직원으로서 이런 자질들을 잘 키워가는 일이 문화재단의 성패를 가늠하는 중요한 잣대가 될 수 있다고 생각한다. 신규 직원의 채용 과정에서도 이 같은 자질을 검증하는 시스템이 갖춰질 필요가 있다. 문화재단이 출범하면서 인재의 상을 잘못 설정하거나 특별한 목적의식 없이 직원들을 단순하게 채용하다 보면 많은 시행착오를 일으키게 될 가능성이 높다. 그런 점에서 재단 직원에 대한 역할모델을 분명히 해야 재단 고유의 사명을 다할 수 있다.

2. 지역 문화재단의 역할

재단이 설립된 초기에는 과연 문화재단이 무슨 역할을 하는가에 대해 여러 상반된 시각이 존재할 가능성이 많다. 지방자치단체가 출연하여 설립한 문화재단의 상이 아직 뚜렷하지 못하기 때문이다. 문화사업을 기획하는 곳인지, 지방정부의 문화담당부서와 비슷한 역할을 하는 곳인지, 문화시설을 운영하는 곳인지 갈피없이 여러 의견과 주장들이 재단을 둘러싸고 제기되곤 한다. 그런데 사실, 더 나아가 재단의 역할과 위상에 대한 어떤 모범 답안이 따로 있는 것도 아니다. 지역의 문화재단들이 지역 안에서 어떤 역할을 하는가에 따라 그 사업 내용과 위상도 달라질 수 있다. 중요한 것은 지역의 문화재단이 진정으로 지역문화 활성화를 위해 핵심적 역할을 할 만한 사업을 원활하게 해나갈 수 있는가의 여부에 있다. 지역문화 활성화를 위한 핵심 사업을 얼마나 잘 기획해서 추진하고 성과를 내는가에 지역 문화재단의 역할과 위상이 좌우되는 것이다. 그렇기는 하지만 이곳에서는 주로 광역 단위의 문화재단이 일반적으로 어떤 역할을 해왔는가, 또는 하고 있는가를 개괄적으로 정리함으로써 지역 문화재단이 지역문화 활성화를 위해 어떤 기여를 할 수 있는가 생각해 보기로 한다.

두루 아는 바와 같이 광역단위의 문화재단은 문화예술진흥법이 규정하고 있는 문예진흥기금 지원 사업을 비롯해서 다양한 형태의 지원 사업을 하는 기관이다. 광역자치단체를 중심으로 조성되어있는 문예진흥기금을 토대로 한 지원 사업 이외에 한국문화예술위원회와 함께 하는 공연장 상주단체 지원 사업, 레지던시 프로그램 지원 사업, 문화예술교육진흥원과 함께 하는 문화예술교육지원센터의 운영 등이 그 대표적 사례이다. 여기에 문화바우처 사업이나 사랑티켓 지원사업도 재단 사정에 따라 포함될 수 있다. 이 외에 문화관광부와 함께 하는 찾아가는 문화예술활동 사업, 기타 복권기금 관련 지원 사업들도 포함된다.

그런데 이와 별도로 재단의 기획 능력과 재정 여건에 따라, 그리고 해당 지방자치단체와의 협력 여부에 따라 이런 지원 사업은 더욱 다양하게 만들어지고 시행될 수 있다. 지원의 형태 역시 지원금을 직접 지원하는 방식도 있지만 간접 지원 방식의 다양한 프로그램이 기획될 수 있다. 인천을 예로 든다면 기본적인 지원 사업 이외에 문화도시 공동체 사업, 문화공간 지원 사업, 미술활성화 사업, 작은 도서관 지원 사업인 책으로 여는 문화나눔 사업, 무대공연작품 제작 지원 사업, 창작연습실 운영 사업, 선진 문화예술 탐방사업 등도 자체 재정으로 시행하고 있다. 요컨대 문화재단이라는 기관이 지역에 있다면 지역 실정에 맞는 다양한 지원 사업을 기획하고 발굴하여 시행할 수 있는 여건을 갖춘 셈이다.

두 번째로는 지역 특성을 반영한 문화사업의 기획과 시행이다. 지원 사업과는 다르게 이것은 재단 자체에서 필요한 사업을 직접 발굴하여 추진하는 것인데 이것은 다른 예술단체가 하기 어려운, 그렇지만 지역에서는 꼭 필요하거나 공공적 대표성을 갖는 사업들이 대부분이다. 이미 작고한 지역의 대표적 문화예술인들을 조명하거나 지역의 문화콘텐츠들을 발굴하고 정리하는 사업, 소외 계층을 위한 기획 사업, 청소년과 어린이를 위한 사업들, 작은 축제를 기획하는 일, 문화 교류 사업이나 메세나 진작 사업 등도 해당될 수 있다.

그런 점에서 문화 프로그램과 콘텐츠의 발굴 및 개발도 재단이 하는 중요한 일 가운데에 하나로 꼽을 수 있다. 지역을 소재로 하는 다양한 문화적 자원을 응용한 프로그램과 콘텐츠를 발굴하고 개발하는 일이 여기에 속한다. 예를 들어 지역 예술인들의 활동을 정리하는 문화예술

사 발간이나 구술 채록 사업, 문화 지도의 작성이나 문화예술자원 데이터베이스 구축 사업 등이 그것이다. 부산문화재단이나 춘천문화재단에서 이 같은 사업을 역점적으로 추진하고 있는 것으로 알고 있다. 인천의 경우, 재단 내에 영상위원회가 활동하고 있어서 문화 PD사업을 하고 있는데, 문화 PD사업은 인천에서 일어나는 다양한 예술 활동을 영상으로 기록하고 사라지고 있는 도시 풍경과 문화적 자원을 기록하는 사업이다. 아마추어와 프로를 구별하지 않고 관심 있는 사람들의 지원을 받아 참여하도록 하고 있다. 인천은 개항장을 끼고 있으므로 개항 당시의 현황부터 시작해서 현재에 이르기까지 이 지역을 특화시킨 개항장 역사문화지도를 제작하여 배포한 바도 있다. 스마트폰 용 어플리케이션도 개발하여 보급하였다. 이 외에 지역의 문화 자원을 정리하는 총서도 발간하고 있다.

마지막으로 문화재단은 문화관련 정책연구와 기초자료조사를 하는 역할을 담당한다. 문화재단이 지역 내에서 자신의 위상을 갖추기 위해서는 이런 기초자료조사나 정책연구를 배제해서는 안 된다. 문화재단 스스로 지역문화의 싱크탱크 역할을 자임할 때 재단의 역량도 강화되고 지역 내 위상도 높아지기 때문이다. 지역의 문화활동을 총정리하는 연감을 발간하거나, 문화지표 조사를 정기적으로 하고 관련된 연구보고서를 출산하는 일이 여기에 속한다. 이런 성과물들은 재단 사업을 신규로 기획할 때에 응용될 수도 있고 지방 정부에게 합리적 정책 대안을 제출할 수 있는 타당한 근거가 되기도 한다. 이 외에 지역의 문화가 당면한 여러 현안들에 대해 관련 전문가들의 의견을 수렴하는 통로가 재단이 될 수도 있다. 정책토론회를 기획하고 자문회의를 기획하는 일이 그것인데, 다만 이럴 때에는 지방 정부나 의회와 재단이 긴밀한 협조를 하는 것이 매우 중요하다. 그렇지 않다면 자칫 문화재단이 독단적으로 어떤 정책을 일방적으로 추진한다는 인상을 줄 우려가 제기될 수 있기 때문이다.

한 가지 덧붙이고 싶은 것은 위탁 사업에 대한 것이다. 최근 광역 단위의 재단에서도 국가나 지방 정부의 여러 문화사업이나 시설을 위탁하는 일이 늘어나고 있다. 그런데 이런 현상을 놓고 다소 우려스러운 것은 지역 문화재단이 국가나 지방정부의 사업이나 시설의 단순한 위탁 기관으로 전락될 수 있지 않을까 하는 점이다. 이런저런 문화시설이나 굵직한 문화행사와 축제를 지방 정부로부터 위탁받아 사업을 시행하게 되는데, 한편으로는 바람직스러운 현상이기도 하나 다른 한편으로는 그것 때문에 재단의 의사 결정권이 손상되는 일도 발생하고 있어서 문제이다. 위탁업무를 중심으로 지방 정부와 재단의 생각이 다를 때에는 재단의 자율성이 훼손되는 경우도 없지 않은 것이다. 이런 문제를 해결하기 위해서는 재단 스스로가 사업의 기획과 시설 운영의 자율성, 예산 편성의 자율성을 확보하기 위해 노력할 수밖에 없다. 사업의 위탁은 큰 틀에서 이루어지지만 사업의 내용과 운영은 재단에게 일임하는 방식, 즉 재단의 책임과 권한을 인정하는 방식으로 이루어져야 한다. 여기에는 재단이 시설 운영의 전문성과 기획의 전문성, 사업 추진의 정당성을 갖춰야 한다는 전제가 뒤따른다.

재단의 역할을 이렇게 정리해 보면 결국 지역 문화재단은 지역문화 활성화를 위한 중심 기관이고 지역문화현장에서 예술가와 단체, 시민, 관료 집단 사이를 적절하게 연결시켜 문화가 선순환되도록 매개해 주는 기관이라고 볼 수 있다.

마지막으로 문화재단은 여기에서 더 나아가 지역의 문화 계획을 지방 정부와 함께 입안하고 추진하는 역할을 적극적으로 담당해야 한다. 최근 서울문화재단이 창작 공간 추진단이라는 조직을 만들어 서울시와 함께 시내의 주요 공간을 창작 공간으로 리모델링하여 운영하고 있는 것도 그런 사례이다. 인천문화재단은 2010년 인천시와 함께 인천의 중장기 문화발전 종합계획을 수립하여 『인천 문화도시 기본계획』이라는 보고서를 제출한 바도 있다. 문화재단이 문화적 관점이 개입된 각종 발전 계획을 입안하는 작업에 지방 정부와 함께 일할 수 있는 역량도 이제는 축적해야 할 시점이 된 것이다.

3. 문화 지형의 변화 – 문화재단의 위상

화제를 조금 돌려보기로 한다. 2009년을 전후로 광역 단위 문화예술교육지원센터 지정을 둘러싸고 몇몇 지역에서는 작은 소란이 일기도 했다. 그런데 이런 소란은 문화재단의 현재 위상과 관련해서 시사해주는 바가 많다. 지역마다 문화재단과 문화원, 혹은 예총 등과 문화예술교육지원센터 지정 건을 놓고 크지는 않지만 내립과 갈등이 빚어진 것이다. 문화관광체육부와 한국문화예술교육진흥원은 광역 단위의 문화예술교육지원센터를 지정하면서 광역 자치단체가 설립한 문화재단이 센터 역할에 충실할 수 있고 그렇기에 응당 센터로서 지정되어야 한다는 의사를 표명했지만 지역에서는 이를 인정하는 분위기가 형성되지 않았다. 오히려 문화재단이 예총과 문화원의 할 일을 빼앗아 가는 건 아니냐는 불만이 제기되었던 것이다. 이런 분란은 현재 문화재단이 직면하고 있는 위상의 문제를 단적으로 보여준다고 하겠다. 재단이 과연 어떤 일을 하고 어떤 위상의 기관이어야 하는가, 그리고 지역에서 어떻게 포지셔닝을 해야 할 것인가와 관련하여 의미 있는 과제를 제기한 사건이었다.

문화재단이 지역마다 설립되면서 기존의 예술가단체와 문화원과 마찰을 빚고 있는데, 이는 특히 광역시 단위의 재단이나 기초단위의 재단에서 심하게 나타난다. 광역 도(道)의 경우는 문화원이나 예총이 주로 시, 군 단위에서 영향력을 행사하고 있으므로 크게 문제되지 않는 듯하다. 그러나 광역시나 기초자치단체가 문화재단을 설립하는 과정에서 문화재단이 지역 문화예술계에 연착륙하지 못하고 이런저런 갈등관계에 놓이는 경우를 빈번하게 봐왔다. 예총과 민예총 등은 따지고 보면 예술가단체들이므로 자신들의 예술 활동을 적극적으로 해나간다면 재단의 설립은 오히려 환영할 일이고 영역이 중복되는 것도 아니다. 문화원 또한 지역의 향토 문화 자원을 발굴하고 보존하는 본연의 사명을 다한다면 재단의 역할과 상충되는 것은 아니라고 할 수 있다. 그러나 문화재단의 업무 영역이 늘어나고 사회적으로 문화가 갖는 공공적 역할이 확대되면서 자신들의 활동 영역과 재단의 역할이 겹쳐질 수 있다는 오해가 발생되고 있는 것이다.

그런데 이런 문제들도 결국 문화재단이 지역 내에서 얼마나 신뢰 관계를 형성하고 있고 자신의 소임에 충실하느냐와 관련된 문제이다. 따지고 보면 문화재단은 예술가단체와 시민문화단체, 문화동아리, 지방

문화원을 한 축으로 하고, 지방자치단체를 다른 한 축으로 하여 그 '사이'에 위치한다고 할 수 있다. 재단이야 말로 제대로 된 문화매개자 집단이다. 재단이 문화예술단체와 지방정부, 그리고 시민 사이에서 이들을 적극적으로 연결시키고 예술단체 본연의 일을 해나갈 수 있도록 유도하는 역할을 해야 하는 것이다.

그런데, 문화재단이 설립되고 그간 지방정부에서 해오던 지원사업을 이관받아 새로운 방식을 적용하고자 하면서 현실은 복잡하게 흐르고 있다. 문화재단은, 그곳이 제대로 운영되는 곳이라면, 이런 지원사업의 관행을 합리적으로 변화시키기 위해 노력하기 마련이다. 지역 특성에 맞는 특성화된 지원 시스템은 오랜 시간 지역에서 관료 기구에 의해 고착된 지원의 구조를 바꿔야 하는 과제와 상충되는 경우가 많기 때문이다. 결국 그렇게 되면 기존의 지원 시스템에 익숙해있던 단체들로서는 불만이 제기될 수밖에 없고, 변화를 시도하는 재단에 비난이 집중되는 문제가 발생하게 된다.

그러나 지역문화가 활성화되기 위해서는 지원 시스템도 문화의 다양한 흐름, 시민들의 수요에 맞춰 능동적으로 변화해야 하는 현실을 무시할 수는 없다. 아울러 지원사업의 선정과 집행, 평가에 이르는 과정에 특별한 투명성과 합리성 역시 필요하다. 그래야 재단은 여러 비난으로부터 자기 정당성을 확보할 수 있는 것이다. 물론 이런 과정 역시 재단이 일방적으로 추진해 나기기보다는 지역 문화예술계와 충분한 토론과 합의, 설득의 과정을 거쳐야 한다. 그 토론의 과정을 통해 지역문화의 현실, 문화의 공공적 책임 등이 밀도 있게 검토될 수 있는 기회도 있으므로 그런 공론의 장이 형성되는 것은 중요하다. 그 과정에서 재단은 지역문화의 네트워크 허브로서 새롭게 자기 위상을 강화할 수 있는 기회를 얻게 될 수도 있다.

따지고 보면 재단이 설립됨으로써 지역에서는 그 전보다 지원사업의 예산이 늘어나게 되는 것도 사실이다. 문화재단은 지역문화를 활성화시키기 위한 다양한 활동을 기획하여 시행하므로 이에 따른 예산 규모가 늘면 늘었지 줄어들지는 않는다. 게다가 지역문화를 안정적으로 발전시킬 전문가 그룹이 형성되는 것 또한 재단이 있기에 가능한 일이다. 혹자는 재단으로 인해 인건비가 많이 들어가는 것 아니냐고 지적하는데 이 역시 오해라고 본다. 지역의 문화를 활성화시키는 것이 사람인데 우수한 인력을 위한 인건비는 지방정부의 다른 행사성 경비나 대형 건설 사업에 비하면 미미한 수준이기 때문이다. 게다가 제대로 된 전문가 집단이 지역문화 활성화를 위해 활동하면서 거두는 성과는 비용 대비 효과 면에서 결코 작은 것이 아니다.

지역의 문화재단이 지역문화를 발전시키기 위한 거점이자 중심 기관으로 자기 역할을 충실히 한다면 그 효과는 장기적으로 또 지속적으로 나타날 것이다. 문화예술 생태계의 선순환이라는 것이 바로 그것을 두고 하는 말이다. 생태계가 정상적인 기능을 회복하기 위해 들어가는 시간과 노력처럼 지역문화 발전의 선순환구조가 정착되는 첫걸음이 바로 문화재단과 같은 안정적인 구조를 갖춘 기관이 제대로 자리를 잡는가 여부에 있다. 그러므로 지역문화를 활성화하기 위한 첫 걸음으로 문화재단이 지역에 연착륙할 수 있는 여건을 조성하는 일이 매우 중요하다. 그리고 그것이 곧바로 지역문화를 발전시키는 중요한 디딤돌에 다름 아니다. 지역 문화예술계와 시민 사회, 관료, 지역의 오피니언 리더들이 그런 점에 대한 깊은 이해가 요구되는 시점이다.

지역 문화재단 설립의 전략과 과제

1. 여는 글

최근 들어 지역문화진흥법 제정이 본격적으로 추진되는 것을 하나의
계기로 삼아 지방자치단체들이 저마다 문화재단 설립을 검토하고 있
다. 이미 전국적으로 30여 개에 이르는 광역과 기초지방자치단체가 설
립한 문화재단이 운영 중에 있다. 이렇게 지방자치단체가 문화재단을
설립하기 시작한 것은 지역문화 진흥을 위해 바람직한 일이다. 문화재
단을 설립함으로써 문화 고유의 전문성과 자율성을 최대한 존중하겠다
는 자치단체의 의지가 읽혀지기 때문이다. 물론 일부에서는 문화시설
운영의 효율성만을 우선적으로 고려하거나 문화예술진흥기금의 지원

배분의 골치 아픈 일을 민간에게 떠넘기려는 행정편의적인 처사라는 비판이 없는 것은 아니지만 민과 관이 함께 지역문화발전을 위해 책임을 나눠 갖는다는 긍정적인 거버넌스 정신이 흐르고 있음은 부인할 수 없다. 이제 민간의 참여를 통해 지역문화를 발전시키기 위한 공공의 노력이 더욱 다양해지는 것은 하나의 대세라고 할 수 있다.

이 글은 이런 추세를 고려하면서 각 지역에서 문화재단 설립을 위해 과연 무엇이 고민되어야 하는가를 간략히 정리한 것이다. 지방자치단체가 기금을 출연하여 설립한 문화재단은 기본적으로 공익법인 형태이며 정부의 세금으로 운영되는 곳이다. 문화재단 설립을 희망하는 문화예술인들은 문화재단을 지역문화의 여러 문제를 일거에 해결할 수 있는 신기루처럼 생각하는 경향이 있는데 이것은 위험한 생각이다. 물론 행정적 절차에 서툴고 공공기관 운영의 경험이 많지 않은 문화예술인들이 그렇게 생각하는 것은 충분히 있을 수 있는 일이기는 하다. 그러나 문화재단이 생각처럼 문화예술인들의 요구를 모두 들어주는 기구는 아니다. 오히려 지역문화발전을 위해 자신들의 이해관계를 떠나 책임을 함께 하고 희생도 감수하는 자세가 필요하다. 게다가 문화재단은 공공의 재원을 기반으로 운영되는 공공기관이므로 그에 걸맞은 운영제도를 존중할 줄 아는 자세 역시 요청된다. 지역 실정에 어울리는 문화재단의 역할과 위상에 대한 지역 사회의 합의와 합리적인 운영 원직과 제도를 만들어내는 일이 중요한 것이다.

2. 문화재단의 역할과 설립 목적

우선 중요한 것은 과연 문화재단의 핵심적인 역할을 무엇으로 설정
할 것인가이다. 이 문제는 비교적 명확해 보이지만 따지고 들어가면
그렇게 단순하지만도 않다. 과연 문화재단의 역할에 대한 구체적인 상
(像)에 대해 지역의 문화예술계, 혹은 시민사회와 관료들이 합의하고 있
는가를 생각해 보아야 한다. 문화재단을 둘러싼 잘못된 생각들 중에는
문화재단을 지방자치단체의 문화사업을 대행하는 기관 정도로 여기는
경향, 관에서 하던 지원사업을 민간에서 대신하는 것 정도로 생각하는
흐름, 혹은 문화와 관련된 만병통치적인 정책수단, 요컨대 문화 종합선
물세트처럼 생각하는 경향 등이 있다. 그러나 문화재단의 역할과 목적
에 대해서는 지역 문화계에서 적극적으로 또 구체적으로 토론해야 한
다. 그렇지 않으면 재단이 출범한다고 하더라도 조기에 안착되기 힘들
다. 지역의 여러 이질적이고도 다양한 요구에 재단이 중심을 잡지 못
하고 흔들릴 가능성도 많은 것이다.

재단을 운영해 본 경험에 비추어 말한다면 문화재단은 폭넓은 의미
에서 지역문화를 발전시키기 위한 민관 문화 거버넌스 기구이다. 물론
지역문화를 발전시키기 위한 정책 수단은 숱하게 많다. 그러나 다소
도식적으로 구분하자면 지역문화의 하드웨어적 인프라를 만들어 내는
일을 지방정부의 책임 아래에 추진한다면 이른바 소프트웨어 인프라를
갖춰가는 것은 문화재단의 몫으로 정리할 수 있지 않을까 한다. 이는
운영프로그램을 무시한 하드웨어 인프라가 있을 수 없고 물질적 문화
환경을 배제한 소프트웨어는 존재하지 않는다는 평범한 상식을 전제로

하고 하는 말이기는 하다. 지역문화 발전을 위한 하드웨어적 인프라와 소프트웨어는 긴밀히 조응한다는 것이다. 그럼에도 불구하고 역할과 책임을 구분한다면 그렇게 나눠볼 수 있지 않을까 한다.

특히 문화재단은 지원사업을 통해 지역문화를 발전시킨다. 그러나 이런 지원정책 역시 지나치게 좁은 의미로 이해해서는 곤란하다. 요컨 대 문예진흥기금에 토대를 둔 기금 배분 사업만이 문화재단의 역할은 아니라는 것이다. 문화예술활동에 필요한 재정 지원으로 지원사업을 이해하고 재단의 역할을 그렇게 미리 한정하는 것은 지역문화 발전을 위한 재단의 역할을 지나치게 소극적으로 한정하는 처사이다. 지원사 업은 다양한 형태로 전개될 수 있다. 아울러 지역문화를 발전시키기 위한 창의적인 실천 행위나 사업 역시 지역 여건에 따라 여러 형태로 개발될 수 있다. 문화시설의 위탁 운영이나 문화 전문 인력의 양성과 재교육, 어린이와 청소년, 시민을 대상으로 하는 문화예술교육사업, 지 역문화콘텐츠의 연구 개발, 문화재를 포함한 지역문화자원에 대한 조 사 연구와 정책 개발 등도 문화재단의 역할로 설정될 수 있다. 아울러 지역문화를 구성하는 여러 영역과 기관 간, 소 지역간, 국내외 지역간 문화 네트워크 기능도 재단이 수행할 수 있다. 이를 다시 정리하자면 지역문화 발전을 위한 다양한 지원사업, 연구 개발과 교육, 네트워크 등이 지역 문화재단의 역할과 관련되어 생각해 볼 수 있는 내용들이다.

그러나 주의할 것은 문화재단에게 성급하게 많은 것을 요구하는 것 은 금물이다. 중심 사업을 근간으로 문화재단이 조기에 지역 사회에 안착될 때 위와 같은 부여된 책무들을 안정적으로 수행해 나갈 수 있 다. 즉, 초기에는 문화재단의 운영이 내실을 기할 수 있도록 여건을 조성하는 일이 필요하다. 성급하게 성과를 요구하면 오히려 일을 그르친다. 우리나라에서 문화재단의 역사는 매우 짧고 사회적으로 널리 인정되는 문화재단의 일반적 모델도 갖고 있지 못하다. 요컨대 문화재단이 무엇을 하는 기관인지 여전히 사람들이 잘 모른다는 것이다. 또 새로 설립되기 시작한 문화재단이 본격적으로 운영되기 시작하면서 이런저런 사안이 발생해도 그것이 모두 처음 겪는 일이기 십상이다. 즉, 과거 경험치가 없어 모두 새로 겪는 일이므로 하나하나의 원칙을 만들어 가는데 시간이 소요된다. 설립된 이후의 사업들도 대개 새로 시작하는 사업들이다. 지역 문화계에서도 문화재단의 사업이 생소하다 보니 사업을 이해하는 각도와 방식에 따라, 심하게는 개인 간에도 견해가 서로 다르고 단체별, 장르별로도 의견이 나뉠 수 있다. 이런 여러 의견들이 이해관계에 따라 혼란스럽게 개진되고 때에 따라서는 지역 언론에 의해 문화재단의 혼란상이 과장되거나 확대되어 보도되기도 한다. 그런가 하면 그와 동시에 이런저런 관계로 맺어진 재단 소속원들에게 지역 문화예술인들이나 관료, 오피니언 리더들의 다양한 의견이 들어간다. 재단이 자기 중심을 잡지 못하면 이런 와중에 성과는 없고 혼란만 가중시키는 결과를 초래해 재단 무용론, 즉 왜 재단을 만들기 위해 노력했는지에 대해 의구심마저 만들어 내게 된다. 마침내 재단 임직원들에게 소요되는 경상 운영비가 아깝다는 말까지 거론되는 지경에 이르고, 그렇게 되면 재단은 지역 사회에서 신뢰받기는커녕 의심과 질시의 대상으로 전락하게 된다.

이런 현상은 그 파장이 크건 작건 재단 설립 초기에 겪을 법한 일들이다. 실제로 그런 문제들은 재단이 운영되는 과정에서 겪게 되는 가장 큰 어려움이기도 하다. 그러나 설립을 논의할 때 이런 문제들까지 예상한 경우는 많지 않다. 재단이 조기에 안착되어 내실있는 운영 단계에 들어갈 때까지 인내심을 갖고 지역 문화계와 지방정부, 시민사회가 기다려주는 아량이 필요하다. 새로 출범한 기관이 시험 운영을 마치고 안착되는 데에는 적어도 3년 정도의 시간적 노력이 소요될 듯하다. 첫해에는 말 그대로 시험 운영 단계이고 둘째 해부터 자기 색깔을 갖춰서 3년째에는 운영 체제가 정착하는 단계라고 이해한다면 3년이라는 기간의 근거가 터무니없는 것은 아니라고 생각된다. 물론 얼마나 사전 작업을 충실히 하는가에 따라 그 기간은 줄어들 수도 있고 늘어날 수도 있을 것이다. 어쨌거나 그런 사정을 감안해서 중장기별, 단계별로 재단의 운영 방향을 구체적으로 마련하는 일이 필요하다.

3. 문화재단 운영 제도 및 재정 전략

지방자치단체가 기금을 출연하여 설립한 문화재단은 공공성과 공익성이 강조될 수밖에 없다. 기금의 대부분이 시민들의 세금으로 충당되고 운영비나 사업비 역시 공공의 재원에서 집행되게 마련이다. 따라서 재단의 재정은 특정 개인이나 단체가 사사롭게 사의직으로 사용할 수 있는 것이 아니다. 모두 정해진 절차에 따라 적법하게 집행되고 재단 내부의 운영 또한 그렇게 되어야 한다. 이를 위해 문화재단의 설립 근거와 운영의 원칙 등을 규정한 조례, 정관과 규정·규칙, 이사회의 구성 등이 잘 정비되어야 한다. 여기에 재단 사업이 정상적으로 진행되기 위한 안정적인 재원 마련의 문제도 있다. 대표이사의 선임을 위한 규정과 절차도 마찬가지이다.

재정 전략부터 생각해 보자. 기금을 충분히 확보하기 어려운 상태라면 조례 등에서 운영비 또는 사업비 지원을 명시하고 이를 자치단체가 책임 있게 지원하는 여건과 분위기를 조성하는 일이 무엇보다 중요하다. 그렇지만 문화재단의 재정 문제야 말로 자치단체장과 지방의회의 의지가 뒷받침되지 않는다면 해결되기 어렵다. 현재와 같은 저금리 시대에 기금 규모가 웬만큼 크지 않아서는 기금 이자로만 재단의 사업과 운영을 정상적으로 해가기는 힘들기 때문이다. 그런 분위기를 조성하기 위해서는 지역 문화예술계나 여론주도층의 역할도 중요하다. 문화재단에 대한 지원 예산은 항상 비중 있게 편성되어야 한다는 분위기가 관료 사회와 의회 내에 형성되지 않으면 안 되는데 그것이야 말로 지역 사회의 문화적 힘이라고 생각한다.

그러나 다른 한편 재단 스스로도 재정 충당을 위한 자체의 노력이 필요하다. 또 문화예술계를 포함한 지역 경제계의 분위기도 중요하다. 예를 들자면 재단의 입장에서 기금 활용을 위한 재정 전략을 별도로 수립하거나 그렇지 않으면 기금 이자율, 기타 지원 조건 등을 평가항목으로 삼아 금융기관 간 경쟁 입찰 방식에 의해 금고를 선정하는 방식도 그중 하나이다. 조금이라도 더 높은 금리를 제시하고 운영재원을 단기간이라도 효율적으로 활용함으로써 높은 이율을 받도록 포트폴리오를 제시하는 은행, 기타 재단과 지역 문화예술계를 위해 일정한 기여를 할 수 있는 조건을 제시하는 금융기관을 선정함으로써 재정에 도움을 받을 수 있는 길이 있다. 지방자치단체도 자치단체 나름으로 지역 기업이나 지역에서 많은 이익을 얻는 기업이 재단에 기부하도록 유도하는 정책을 추진해야 한다. 자치단체의 금고를 선정할 때, 혹은 지역에서 일정한 이익을 얻는 대기업에 기금 출연을 유도하는 것 등이 그런 사례인데, 실제로 인천의 경우 인천시 금고로 지정된 금융기관은 매년 일정액을 재단에 출연하고 있으며 신세계백화점 인천점은 순이익의 일정액을 재단에 매년 기부하고 있다. 인천교통공사 소유인 인천종합버스터미널에 입주해 있는 신세계백화점 인천점은 건물 임대 계약시에 순이익의 일정 비율을 지역 발전을 위해 기부하기로 약정을 맺었다. 그 약정에 의해 신세계 백화점은 장학기금과 문화재단 기금에 매년 기부금을 전달하고 있다.

한편 조례 제정이나, 정관, 운영 규정, 이사진의 구성, 회계 규정 등도 간단히 넘길 수 없다. 운영 규정이나 회계 규정은 매우 실무적인 문제에 속하는 것으로 여기에서 세세하게 언급할 필요까지야 없지만 중요한 것은 지나치게 관료사회의 행정적 기준과 잣대만으로 규정을 만드는 것은 지양해야 한다는 점이다. 문화재단의 자율성과 전문성이 충분히 발휘될 수 있도록 규정에 그런 내용들이 담겨야 한다. 정작 재단이 운영될 때 필요한 것은 이런 실무적인 문제일 수 있다. 이런 문제들을 효율적으로 처리하기 위해서는 문화예술계를 포함해서 관과 의회, 지역 시민사회가 참여하는 '문화재단설립준비위원회' 같은 기구가 구성되는 것이 바람직하다. 또한 준비위원회 내에 실무팀을 구성하여 각종 제도적인 장치들을 충분히 토의해서 만들어냄으로써 재단 설립 이후에 겪을 수 있는 시행착오를 최소화해야 한다.

인천의 경우, 오랜 시간 지역 문화예술계와 시민사회가 재단 설립을 놓고 토론을 거치면서 불필요한 시간 낭비를 초래한 점도 없지 않았지만 재단의 독립성과 자율성만큼은 상당한 정도로 확보되었다. 재단의 구성원 모두가 순수 민간으로 구성되어 운영되고 있는 곳은 광역자치단체 재단 가운데에서는 인천이 유일한 것으로 안다. 재단 이사의 구성과 대표이사의 선임 방식 역시 매우 민주적이다. 조례와 정관 자체가 그렇게 만들어져 있다. 그러나 다른 한편 생각해 보면 이 역시 효율성의 측면에서는 모두 좋은 것만은 아니라고 생각한다. 공무원의 행정적 경험을 전수받지 못한 가운데 출범하고 운영되다 보니 시행착오가 여러 차례 거듭되었던 것이다. 그러므로 문화재단의 전문성과 자율성을 확보하면서 지방자치단체의 행정 경험을 접목하는 일도 적극 검토해야 한다.

그런데 실제 운영과정에서 문화재단은 지방정부와 지방의회, 그리고 다른 한편으로 문화예술계와 시민 사회 사이에서 거중 조정하는 역할이 상당히 어렵다. 대부분은 지방정부와 문화예술계, 시민사회를 연결하는 좋은 의미의 거버넌스가 작동하지만 미묘한 사안을 놓고서는 어려움을 겪는 경우도 많다. 지역 내의 특정 사안을 놓고, 바라보는 관점과 이해가 서로 다른 집단들 사이에 문화재단이 놓이게 되는 경우가 많은 것이다. 또 색깔이 다양한 시민사회와, 문화적 이념과 이상이 상이한 문화예술계 사이에서도 다양한 요구에 직면하여 적정한 균형감을 갖는 일이 말처럼 쉬운 일은 아니다. 지역 문화예술계를 개혁해야 한다는 목소리가 있는 한편으로 오랜 관행을 유지하는 것이 더 중요하다는 견해도 만만치 않다. 지역문화를 지혜롭게 발전시키기 위해 재단은 그 사이에서 적정한 균형을 잡으면서 사업을 수행해 가야하는 어려움

이 있다. 자칫 잘못하면 모두에게 비난과 비판을 받을 경우도 많은 것
이다.

4. 조직과 인력

문화재단이 그 설립목적을 달성하기 위해 가장 중요하게 고려되어야
할 문제가 바로 재단 직원의 채용, 즉 인력이다. 문화재단이 필요한 인
력을 얼마나 잘 채용하고 또 적재적소에 배치하여 자기 능력을 십분
발휘하도록 만드느냐에 따라 재단 설립 초기의 성패가 좌우된다. 그런
점에서 인력 채용은 매우 중요한 문제이다. 한편 재단이 지향하는 목
적에 맞는 조직 구성을 하는 것도 핵심적 사안이다. 인력과 조직 문제
에는 조직 구성 이외에 직제와 정원, 급여 등의 사안이 연결되어 있기
도 하다.

그런데 여기에서는 큰 원칙에 한정해서 몇 가지만 언급하도록 하겠
다. 우선 재단 내의 인사권을 확실하게 인정해야 한다. 특히 출범 초기
에 대표이사가 함께 일할 수 있는 직원을 채용하는 데에 주도적 역할
을 할 수 있도록 대표이사 선임시기와 재단 직원 채용 시기를 조정할
필요가 있다. 대표이사가 선임되기 전에, 혹은 병행해서 인력 충원이
이루어지면 실제 운영 과정에서 발생하는 문제에 대해 대표의 리더십
발휘가 제한될 우려가 없지 않다. 한편 재단 직원 채용 역시 단계적으
로 진행하는 것이 길게 보았을 때 재단에 훨씬 더 도움이 된다. 출범
초기에는 가급적이면 필요인력을 최소로 채용하고 재단 운영 상황에

맞게, 또 재단이 필요한 인력을 스스로 연차적으로 채용할 수 있도록 해야 한다. 그런 점에서 예비 정원 개념을 도입해서 재단 직원의 정원은 보장하되 단계적으로 예비 정원을 이사회와 지방정부의 동의를 얻어 정규 정원으로 전환하도록 하는 것도 생각할 수 있는 대안이다.

초기에 재단 직원을 채용하고 인력을 운영할 때 운영과 사업을 모두 겸할 수 있는 순환 보직 제도로 갈 것인지 전문직과 행정직을 구분하여 채용할 것인지가 검토되어야 한다. 두 방안은 나름의 장단점을 갖고 있다. 순환 보직 제도를 원칙적으로 도입한다면 장기적으로 조직 내부의 갈등을 구조적으로 없앨 수 있는 방안이기는 하나 초기 운영 미숙의 문제가 발생할 우려도 있다. 운영을 전담할 인력을 별도로 두지 않기 때문이다. 반면 운영을 담당할 행정직과 전문직을 따로 둔다면 운영의 효율성을 기할 수 있는 장점이 있다. 그렇지만 행정직과 전문직의 갈등, 처우의 형평성 등의 문제가 불거질 수 있다.

그러나 어떤 자질을 갖고 있는 인력을 재단의 직원으로 채용할 것인지가 사실 가장 중요한 관건이다. 또 자질을 갖춘 인재가 있다고 하더라도 과연 채용이 가능한 것인지는 별개의 문제이다. 직원에 대한 처우, 계약 조건 등에 따라 유능한 인재 채용이 좌우되기 때문이다. 재단 직원이 갖춰야 할 주요한 자질은 행정 능력을 기본으로 하면서 문화예술에 대한 통합적 향수력과 기획력, 해당 지역에 대한 이해와 열정 등을 꼽아 볼 수 있다. 문화재단은 문화 행정을 기본으로 한다. 문서 작성 능력과 행정 시스템, 예산과 회계에 대한 기본적 이해가 갖추어 있지 못하거나 그것을 받아들일 자세가 결여되면 재단 직원으로 업무를 수행하기 곤란하다. 재단이 출범하면서 지역의 문화예술계 인사들이 문화재단에 채용되기를 원하는 경우도 종종 발견하는데 필요한 능력을 제대로 갖추지도 않은 채 재단에 근무하려고 하는 것은 주관적인 욕심일 뿐이다. 또한 문화예술에 대한 통합적 이해력이 반드시 필요하다. 재단의 인력은 특별한 장르 영역의 전문가를 요구하기보다 문화예술에 대한 보편적인 이해와 열린 마음 자세가 요구된다. 문화예술의 전통적인 틀에 안주하는 보수적인 생각보다 새로운 예술과 문화적 활동에 대한 이해와 개방적 자세가 뒤따르지 못하면 재단의 직원으로서는 부적격이라고 말하고 싶다. 그러면서 동시에 문화예술에 대한 기획과 창의적 상상력으로 지역문화를 발전시키려는 적극적인 열정을 필요로 한다. 아무리 뛰어난 전문가라 하더라도 자신이 일하고자 하는 지역에 대한 이해와 애정이 없으면 그도 문제이다. 이런 요건을 갖춘 인력을 적절히 찾아내기 위해 인력 채용 과정을 신축적이면서도 유연하게 만들어야 한다. 객관적 평가를 위해 계량화된 기준에 지나치게 집착하게 되면 오히려 유능한 인재를 놓칠 수 있다. 문화적 창의성이 토플이나 상식 시험의 객관식 답안을 얼마나 많이 맞추는가로 평가될 수는 없는 것이다. 그런 점에서 논술과 심층면접, 지역 내 활동 경력 등을 채용 과정에 어떻게 반영할 것인지에 대해 고민해야 한다.

　마지막으로 조직의 탄력적 운용을 제도적으로 뒷받침해야 한다. 초기의 조직은 안정화되기까지 여러 번의 개편을 거듭하는 일도 발생할 수 있다. 조직 개편을 지나치게 제한하는 규정을 만들어 놓으면 상황에 유연하게 대처하는 일이 어렵게 된다. 따라서 조직의 구성과 변경은 규칙으로 하여 대표이사의 결재 사항으로 하는 것이 바람직하다. 재단의 목적에 맞는 조직 구조를 갖추기까지 조직 개편은 불가피한 상황일 수 있다. 지나치게 잦은 조직 개편은 조직 안정화에 도움이 되지 않으므로 관리 감독기관의 동의를 구하는 절차를 삽입하는 절충안을 생각할 수도 있을 것이다. 재단이 안정화된 이후 조직관련 규칙을 이사회의 동의를 얻는 규정으로 승격시켜 운영하는 단계로 가면 된다.

*

지역 문화재단의 출범은 해방 이후 지금까지 관변 일변도로 유지되어왔던 지역문화의 지형이 민-관 거버넌스 체제로 바뀌는 매우 중요한 변화를 상징적으로 드러내는 일이다. 재단 출범은 생각보다 그 파장이 오래 그리고 넓게 미친다. 서로의 이해관계에 집착하다 보면 어렵게 구축한 거버넌스는 순식간에 무너질 수도 있다. 재단 출범을 서두를 것만도 아닌 이유가 여기에 있다. 오랜 시간 논의와 준비를 거쳐 지역문화의 튼실한 버팀목으로 재단이 뿌리내릴 수 있도록 모두 도우려는 자세가 그 무엇보다 중요하다.

지역 문화재단, 어떻게 운영해야 하나

1. 자율성

문화재단을 운영할 때 우선 중요시 여겨야 할 방향은 자율성이다. 중앙정부나 지방정부 모두 문화관련 공공사업을 별도의 민간 기구를 만들어 위임할 때는 그 이유가 문화적 자율성이라는 정책적 방향을 존중했기 때문이다. 물론 자율성이 그 모든 이유는 아니겠으나 지역문화 발전을 위해 민간의 전문가들이 자율적으로 사업을 해 나가도록 지원하는 것에 대한 긍정적 판단을 했기 때문에 지방정부도 문화재단을 설립하고 재정을 지원하는 것일 터이다.

그렇다면 문화재단의 자율성은 어떤 성격인가? 그것은 한편으로는 지방정부로부터의 자율성이고 다른 한편으로는 문화예술계로부터의 자율성이라고 할 수 있다. 지방 정부와 문화예술계 사이에서 문화영역의 바람직한 거버넌스를 만들어 나가는 것이 재단 자율성의 핵심이다. 그런데 이런 자율성은 어떻게 확보될 수 있는가? 그것은 최고 의사 결정기구인 이사회를 구성하고 대표이사를 선임하는 과정에서 공정성과 투명성, 자율성을 확보하는 일과 직결되어 있다. 이사회와 대표이사가 지방정부에 종속되지 않고 독자적인 의사를 결정할 수 있는 구조를 만들어내는 일이 무엇보다 중요한 일이다. 이를 위해 이사 구성 및 선임과 대표이사 선임 과정에 대해 공정한 절차를 만들어 제도화시키는 일이 선행되어야 한다. 별도의 규정 등을 만들어 대표이사 및 이사 선임의 절차와 과정에 대해 명기하고 이것을 제대로 준수하는 자세가 우선 중요하다. 물론 이사회에 지방정부와 문화예술계의 대표들이 참여하여 합리적인 토론을 통해 의사를 결정하는 구조는 당연히 병행되어야 한다. 재단 이사회가 생동감 있게 토론할 수 있도록 구성되고 그 자리에서 결정된 내용을 대표이사가 재단이라는 조직을 통해 실현시켜 가는 형식이 자리 잡을 때 재단 운영의 자율성이 확보될 수 있는 것이라고 할 수 있다.

그러나 이것은 원칙과 정책적인 이야기이고 실제 일상적인 사업 추진 과정에서는 지방정부 혹은 문화예술계와 마찰을 겪는 일 가운데에서 재단의 자율성이 문제되는 경우가 심심치 않게 있다. 특히 지방정부와 재단 사이에 사업에 대해 이견을 보이거나 사업의 진행 과정에서도 뜻이 맞지 않아 갈등을 빚는 경우가 빈번하게 발생한다. 어떻게 보면 재단의 자율성 문제를 놓고 재단 직원이 일상적으로 겪는 문제는 지방 정부 혹은 문화예술계와 사소한 다툼 때문에 발생하는 일이다.

그렇다고 여기에 어떤 특별한 해답이 있는 것은 아니다. 사례와 경우, 개인마다 모두 다를 수 있으므로 실제 사업을 추진하는 과정에서 충분히 있을 수 있는 갈등의 조정과정이라고 이해해야 한다. 다만 재단이나 지방 정부의 주요한 정책 방향과 관련된 사안이라면 적절한 해결의 노력이 모두 필요하다. 이때 중요한 것이 재단과 지방 정부의 신뢰관계, 상호 존중관계이다. 거버넌스라는 것이 기본적으로는 상호 존중과 배려를 전제로 하지 않고서는 가능하지 않기 때문이다. 상호 신뢰와 존중, 배려를 위해 재단이 할 수 있는 일은 충분한 전문성을 갖는 일이다. 무조건 믿어달라는 말은 존재할 수 없다. 서로 신뢰할 수 있는 근거가 있어야 하는 것이다. 재단 측에서 보자면 그것은 바로 문화 영역의 전문성과 콘텐츠이다.

그런데 여기에서 한 가지 짚고 넘어가야 할 것은 재단 내부의 판단 능력 강화와 소통의 역량을 갖추는 일이다. 지방정부, 혹은 문화예술계와의 이견을 조정해가는 과정은 그렇게 단순하지 않다. 따라서 사안을 놓고 재단의 판단 능력과 소통 역량이 뒷받침되어야 한다. 그렇게 되지 않으면 재단은 설혹 어떤 명분을 갖고 있더라도 지역사회의 신뢰를 받지 못하는 경우도 발생할 수 있다. 재단의 설립 목적이 지역문화발전이라면, 그런 거시적 틀에서 사안에 따라 판단의 기준을 적용하고 지역사회와 소통을 함으로써 지방정부와 문화예술계의 신뢰를 얻어가야 한다.

2. 전문성

　상식적으로 문화재단은 문화 영역에 대한 일만을 집중적으로 하기 때문에 시간이 지날수록 전문성이 축적될 수 있는 유리한 조건을 갖고 있다. 순환 보직 형태인 지방정부의 행정 조직에 비해 전문성을 갖춘 조직으로서 문화재단의 전망은 명확하다. 그러나 문화재단의 전문성을 어떻게 확보할 것인가 내부로 들어가 보면 이것은 쉽지 않은 문제들과 연결되어 있음을 알게 된다.

　전문성을 확보한다는 것은 개별 구성원 모두가 전문가를 지향한다는 말이므로 그것은 짧은 시간에 달성될 성격의 일은 아니다. 장기적인 전망을 갖고 계획적으로 인재를 채용해서 직원을 교육 훈련시키는 일이 필요한데 그것이 쉬운 일은 아닌 것이다. 이미 능력이 갖춰진 사람들이 재단 직원으로 들어오는 경우도 있지만 신입 직원은 그렇지 못한 경우가 대부분이다.

　지역 문화재단은 가장 오래된 경기문화재단이라고 하더라도 20년이 채 안되는 정도의 역사와 경험밖에 없다. 요컨대 문화재단의 바람직한 역할이나 직원의 자질에 대한 상이 현재에도 형성되어 가는 중이라고 할 수 있다. 제너럴리스트로서의 문화 행정 전문가인가 특정 영역의 스페셜리스트도서의 선문가이어야 하는가는 의견이 나뉠 수 있다. 다만 조직 운영의 측면에서 스페셜리스트가 모인 집단과 제너럴리스트가 모인 집단은 명확히 그 형태가 다르다는 점이다. 전문가 집단인 대학이나 연구 조직을 보면 전문성에 바탕을 둔 평등한 협업관계가 조직 문화로 자리잡혀있고 각자 영역을 침해하지 않는다는 묵계가 있다. 전문성이 잘못 인지되면 조직 내의 협력 관계가 원만하게 이루어지지 못할 가능성도 크다. 그러나 제너럴리스트들이 모인 집단은 상하 수직적 구조의 위계가 중심이다. 오랜 경험을 통해 능력이 검증된 사람들이 위로 올라가고 그렇지 못한 사람은 정체되거나 도태되고 퇴출되는 것이 제너럴리스트들의 조직이다.

이상적으로는 일정한 연한에서는 제너럴리스트로서의 역할을 하고 그 가운데에 자기 전문성을 찾아 전문가로 성장하도록 조직을 설계하는 것이 바람직하다. 즉 신입 직원으로 재단의 여러 영역에서 일을 하면서도 자기 전문성을 찾아, 혹은 재단에서 직원들의 전문성을 발굴하여 특정 영역에서 안정되게 일을 할 수 있도록 만들어주는 것이다. 일정한 경력이 쌓이다 보면 지역 내에서 전문성을 인정받고 재단 안에서도 그런 경력을 충분히 발휘하는 구조로 가는 것이다.

다른 한편 전문성을 갖추기 위해 재단에 정책 연구 기능을 두는 문제 또한 검토해 볼 사안이다. 물론 여기에는 지방정부마다 운영하고 있는 정책연구기관이 있어서 기능이 중복될 수도 있다는 비판의 여지가 없는 것은 아니지만 재단 스스로 정책 연구 필요성은 충분히 있다. 그것이 긍정적으로 작동된다면 지방정책연구기관과 협력 관계도 만들어질 수 있으며 지방정부에 대해 정책 제안 기능을 갖추면서 재단의 전문성은 한층 강화되고 위상도 높아질 수 있다.

3. 재정 안정성

　재단을 운영하기 위해 안정적인 재원을 확보하는 것은 기본적으로 중요하다. 어떤 정책이나 사업도 재정이 뒷받침이 되지 않는다면 소용 없는 일이 되는 것이다. 안정적인 재원확보를 위해 많은 재단에서 기금을 운영하고 있다. 그렇지만 기금만으로 재단 운영비와 사업비가 충족되는 것을 기대하기는 힘들다. 기금 확충을 위해 지속적으로 노력하는 것과 병행하여 확보된 기금을 효율적으로 활용할 수 있는 방안 마련도 필요하다. 단순히 은행에 예치해두는 것 이외에 기금의 활용도를 높일 수 있는 다양한 방안을 강구해야 한다. 그렇지만 기금의 수익을 높이는 것 이외에 기금의 안정적 운용 또한 배제할 수 없으므로 이에 대해서는 면밀한 조사가 필요하다.

　재단은 기본적으로 비영리 법인이므로 수익사업을 적극적으로 전개하기 어렵고 수익사업을 하더라도 과연 목적한 만큼 수익이 날 것이냐에 대해서도 회의적이다. 지방정부로부터 일정한 액수를 안정적으로 지원 받을 수 있는 제도적 여건을 만들어 놓고 나머지는 지역 기업이나 유지로부터 후원을 받을 수 있는 방안을 강구하는 방향이 옳다고 본다. 문화재단의 사업은 대부분 공적 영역에서 이루어지는 것이기 때문에 그렇다. 그런 까닭에 지방정부가 문화발전을 위해 재단의 기본 운영비와 사업비를 지원하는 것을 법제화하는 것이 선행되어야 한다. 공공적 문화사업을 수행하는 곳에 재정 지원을 하지 않는 것은 기본 임무의 방기이다. 오히려 지역 문화예술계가 이 문제에 대해서는 일치된 목소리를 내고 재원 배분에서 문화 영역이 홀대받지 않도록 여론을 형성해 가야 한다.

다만 지방정부로부터 재정을 지원받을 때 재단의 자율성을 위해 사업 건별로 지원 받기보다 총괄적으로 지원 받는 것이 중요하다. 개별 사업별로 지원을 받으면 사업마다 예산을 확보해야 하는 어려움이 예상되고 재단의 자율성과 의사 결정에 심각한 영향을 미치게 된다. 따라서 예산을 종합적으로 지원받되 사업비와 경상운영비는 지방 정부와 사전 협의를 거쳐 이사회에서 토론을 거쳐 확정시키는 방식을 정착시키는 것이 중요하다. 종합적으로 지원된 예산을 어떻게 편성할 것인가는 재단 내부에서도 토론을 거치겠지만 지방정부와 협의, 지역 문화계의 의견 수렴, 지방 의회의 협의와 승인, 재단 이사회 승인이라는 절차를 거쳐 최종적으로 확정되는 구조가 정착되어야 하는 것이다.

4. 조직의 활력과 지역사회와의 소통

문화재단이 사업을 잘 하기 위해서는 조직 내의 활력을 유지, 확대시켜가면서 동시에 지역 사회와 건강한 소통 관계가 형성되어야 한다. 활력 있는 조직이라는 것은 상하간 의사소통이 잘 이루어지면서도 다른 한편으로 위계질서 역시 바로 서있어야 가능하다. 이 둘은 상호 보완적인 요소이다. 의사소통은 잘 이루어지는데 위계질서가 없는 조직이거나 위계질서만 바로 서있고 소통이 되지 않는다면 바람직스러운 조직이라고 할 수 없다. 이것은 주어진 사안에 대해 충분히 토론하고 그런 토론에 바탕을 두고 결정된 판단에 대해서는 존중하는 자세를 뜻한다. 재단이라는 조직이 원활하게 운영되기 위해서는 이런 기본이 갖추어져 있어야 한다. 이 외에 직원들의 활력을 위해 자기 계발의 과정에 대한 제도화, 지역 예술단체로의 파견, 다양한 인턴십 코스의 개발 등이 요구된다. 장기적으로 재단은 지방 정부와 협력하여 문화예술과 관련한 일자리 창출에 적극 나서는 일도 필요하다. 그래야 직원들뿐만 아니라 지역문화예술계도 다양한 자기 전망을 가질 수 있기 때문이다.

조직이 활력을 잃으면 관료화될 가능성이 높다. 관료화라는 것은 재단 조직 내의 보직이 특정 인사로 굳어지거나 보직 자체가 어떤 지위처럼 인식되는 것, 모든 일을 일의 중요성에서가 아니라 절차나 규정 위주로만 해결하려는 자세에서 비롯된다. 절차나 규정은 그런 점에서 지속적으로 개정을 해나가면서 구성원의 합의를 모아나가야 하며 보직이나 승급의 문제도 유연하게 대처해야 한다. 의사 결정 과정이 너무 복잡한 것도 조직 활력에 저해요소이다. 결재 라인이 복잡하거나 너무 많은 계선이 있으면 원활하게 일을 진행시키기 어렵다. 따라서 대표이사 아래에 의사 결정 단계를 가급적 간소화시키려는 노력이 필요하다. 그렇지만 이 역시 어떤 정답이 있는 것은 아니다. 재단의 경험과 처지에 따라 다를 수 있는 것이다.

다른 한편, 지역사회와의 소통 역시 그에 못지않게 중요하다. 문화재단의 존재 이유는 지역사회에 그 뿌리를 내리고 있기 때문이다. 지역사회의 문화계와 시민사회와 소통되지 않은 구조는 재단 스스로를 위해서도 바람직하지 못하다. 그런데 재단이 각종 사업을 추진하는 과정에서 어떻게 지역 문화예술계와 시민사회와 관계를 맺을 것인가는 간단한 문제가 아니다. 재단은 지역 문화예술계에 군림해서는 절대 안

된다는 것은 상식이지만 그렇다고 문화예술계의 요구에 무방비로 대응할 수도 없는 처지이다. 지역사회와 소통하기 위해서는 직원들의 개별적 노력과 더불어 그런 의견 수렴의 통로를 제도화하는 것이 첫 단계이다. 아울러 의견 수렴의 결과를 지역 사회에 환류시키는 일도 중요하다. 그래야 신뢰관계가 생긴다. 사업의 계획이나 평가에 지역 예술계의 참여를 보장한다거나 공동 사업을 기획하여 추진하는 것을 고려해야 한다.

5. 기능 확대 및 위탁 업무

마지막으로 재단의 기능 확대 및 위탁 업무에 대한 처리이다. 재단이 해야 할 역할이 명확히 정립되어 있지 못한 상태이다 보니 다양한 사업들이 재단의 영역으로 들어오는 사례가 심심치 않게 발생하고 있다. 이는 전국 지역 문화재단 전반의 공통된 사항이다. 특정한 문화시설의 위탁 운영이나 지역 축제의 수행 등이 그런 사례에 든다.

문제는 재단이 충분히 역량이 갖춰지지 못한 상태에서 이런 요구들이 제기된다는 점이다. 또 더 나아가 재단의 의사나 의지와 관계없이 해당 사업을 수행할 수밖에 없게 되면서 재단의 자율성이 훼손되는 경우도 있다. 재단이 의지를 갖고 스스로 사업을 수행하면 문제가 없는 것이라고 볼 수도 있지만 그렇지 못한 경우도 많다. 지방 정부에서 특정 사업을 위탁한 이후부터 더 많은 개입이 발생하기 때문이다.

예컨대 특정 문화시설이나 문화행사를 재단이 맡아서 운영하다 보면 그런 시설이나 행사를 두고 지방정부를 비롯해 많은 이해당사자들이 다양한 요구를 해오게 된다. 그런 요구 앞에 재단은 자기 의사를 결정해야 하는 일이 무수히 발생하게 되는데 이때 재단의 원칙을 어떻게 합리적으로 이해당사자에게 설득시키는가가 간단치 않다는 것이다. 더구나 권한을 갖고 있는 지방 정부의 요구에 대해서는 외면하기 힘들 때가 많다. 지방 정부의 요구가 정당한 것이면 관계없지만 무리한 요구에 대해서는 그 대응이 간단치 않다. 특정한 행사에서 특정 연예인이나 공연자를 출연시켜 달라거나 시설 운영 과정에서 어떤 행사를 그곳에서 개최해 달라는 요구는 비일비재하다. 문제는 그것이 행사의 성격이나 시설 운영 취지와 어긋날 때 재단으로서는 그런 요구를 받아들이기 어려울 때 발생한다. 지방 정부의 일부 관료들은 문화재단을 자신들의 사업을 대행하는 심부름꾼 정도로 생각해서 당연히 그런 요구에 응해야 한다고 생각한다. 그런데 그런 요구 앞에 문화재단이 조금 더 당당하게 맞서는 것이 말처럼 쉽지 않은 것이다. 여기에 주어진 사업을 잘 추진하고 운영해서 성과를 내면 다행이지만 그렇지 못할 때 재단에 대한 지역사회 전체의 비난과 비판을 감수해야 하는 문제도 발생한다.

재단에 다양한 사업이 늘어나면서 기능이 상이한 사업 단위들이 하나의 조직 안에 배치될 가능성도 배제할 수 없다. 긍정적으로 보자면 그런 일들이 조직의 활력과 다양성을 높이는 계기도 될 터이나 반대로 조직의 통일성이나 응집력을 저해하는 문제도 야기시킬 수 있다. 같은 문화재단 안에서 축제도 하고, 도서관도 운영하고, 미술관이나 박물관, 공연장도 운영하고 심지어는 체육센터, 청소년 수련관까지 운영해야 하는 일이 발생할 수 있는 것이다.

이런 문제들을 지혜롭게 조정하여 조직을 관리 운영하는 것이 그렇게 만만한 일은 아니다. 그런 점에서 지역 문화재단의 대표이사나 중간 관리자들에게 요구되는 능력은 앞으로 다양해질 수 있다. 예컨대 경영 마인드와 문화에 대한 식견(그것도 시설 운영적 측면과 문화 기획적 측면, 문화 정책적 측면 등 다양하다), 그리고 조직 관리와 행정 등 재단을 유지하고 관리하는 데에 중간 관리자들에게도 전문성을 요구하는 영역이 늘어나게 될 것은 분명하다.

6. 마무리

대부분의 지역 문화재단은 운영 과정에서 여러 차례 조직을 개편한다. 문화재단의 기능과 역할, 조직 운영의 효율성을 위해 조직 개편이 이루어지는 것인데, 이는 그만큼 재단이 아직 안정된 자기 구조를 갖지 못했다는 것의 반증이다. 그러므로 최상의 조직을 어떻게 만들어갈 것인가는 지속적인 연구와 토론이 필요하다. 상황에 맞도록 유연하게 조직이 운영되는 게 중요하면서도 다른 한편으로는 안정된 조직 체계라야 직원들이 업무에 충실할 수 있다는 사실도 무시할 수 없다. 많은 과제들을 앞에 두고 있는 것이 현재 전국 지역 문화재단의 처지이다. 특히 조직 문제와 관련해서는 재단 내부에 별도의 중장기 발전을 위한 계획을 수립하는 직원간 소통 조직이 만들어질 필요가 있다. 재단 고유 업무를 처리하는 것 이외에도 재단 스스로를 자기 점검하는 기능이 있어야 하는 것이다. 그런 점검을 지역사회와 공유하고 함께 만들어가 겠다는 원칙을 지키는 일이 지역 문화재단에게 필요한 시점이다.

문화재단 예술지원사업의 의미와 방향

1. 문화예술 지원의 의미

한국문화예술위원회를 비롯해 각 광역자치단체가 설립한 문화재단에서는 매년 문화예술지원기금을 활용하여 문화예술활성화를 위한 지원사업을 시행하고 있다. 이런 지원사업의 결과를 놓고서 지역 문화예술계 안에서는 항상 논란이 제기되곤 한다. 충분치 않은 금액을 여러 단체와 사람에게 쪼개서 지원하다 보니 생기는 현상이다. 요청하는 액수를 모두 충족시켜 지원하기 전에는 이런 논란은 사라지지 않을 것이다.

그런데 여기에서 국가나 공공기관이 왜 국민과 시민의 세금을 기금으로 조성해서 굳이 문화예술인들에게 지원하는가 하는 의미에 대해 근본적인 생각을 해 볼 필요가 있다. 나는 이와 관련해서 기금을 통한 지원 사업의 의미를 크게 네 가지로 정리할 수 있다고 생각한다. 먼저 문화예술인들에게 창작의욕을 고취하고 문화적 창조력을 키워냄으로써 우리 사회의 문화적인 저변과 문화적 능력을 확대하자는 의도이다. 문화적인 창조력을 키우는 일은 우리가 보다 인간다운 삶을 영위하고 우리 사회와 국가의 총체적인 수준과 능력을 높여나가는 길이다. 문화예술인들을 공공의 영역에서 지원하는 것은 그들의 다양한 창조활동이 그런 문화적 수준을 높이는 일과 직결되기 때문이다.

두 번째, 시장(市場)과 자본으로부터 취약할 수밖에 없는 기초 예술과 전통 예술을 공공이 보호하기 위해 지원하는 것이다. 문화는 자본의 논리나 시장의 질서에만 맡겨놓을 수 없는 공공성을 갖는다. 기초 예술이 갖고 있는 창조적인 상상력, 인간과 사회에 대한 심미적인 이해는 이윤 창출을 지상 최대의 과제로 여기는 자본의 논리와는 거리가 있다. 기초 예술은 이윤 창출을 위한 수단이 아니라 예술가 스스로의 가치관을 미적으로 형상화시키려는 욕구와 열의의 집적체이다. 이들이 동시대를 살아가면서 세계에 대해 감응한 미적 표현물은 우리 시대의 문화적 역량과 수준을 드러낸다. 기금 지원사업의 배면에는 이렇게 문화예술 작품이 예술가 개인의 창조행위의 결과이면서도 우리 사회 공동체가 함께 만들어낸 자산이라는 인식이 있는 것이다.

셋째, 지원받은 예술가들의 작품이 주민들에게 향유됨으로써 주민들이 다양하고 가치 있는 문화예술을 누릴 수 있는 기회를 더 많이 제공받도록 하기 위한 것이다. 문화예술인들은 지원받은 사업의 결과를 공개적으로 발표하도록 되어 있으므로 주민들은 이런 발표물들을 기호에 따라 향유할 수 있는 기회를 갖게 된다. 이는 자연스럽게 주민들의 문화향유권을 확대하는 결과로 이어지게 되고 나아가 우리 사회의 문화적 수준을 높이는 효과로 나타나게 된다.

마지막으로, 주민들 스스로의 문화예술활동을 지원하기 위한 의도도 있다. 향유와 체험은 밀접히 연결된다. 많이 향유하다 보면 자연스레 그런 문화예술 활동에 참여하고자 하는 욕구가 생기기 마련이다. 그러므로 주민들을 중심으로 한 동호인 활동을 폭넓게 지원하는 것이 기금 지원사업의 또 다른 목적이기도 하다.

결국 문예진흥기금의 지원사업은, 국가 차원에서는 국가를 대표하는 문화예술을 육성한다는 의미를 갖고, 지역에서는 지역 나름대로 특성 있는 문화예술을 가꿔간다는 의미를 갖는다. 지역 문화재단은 이런 지원을 더욱 효율적으로 기획하고 추진할 수 있도록 만들어진 기관이다. 이들은 장기적으로 어떻게 지원하는 것이 우리 사회의 문화적인 역량을 총체적으로 가꿔갈 수 있을 것인가를 고민하면서 지원의 방법을 연구한다. 엄정하고 객관적인 심사 기준이나 평가 방법을 개발하려는 것 역시 그런 차원이다.

2. 지원사업의 유형

문화예술지원사업의 유형은 지원 방식에 따라 여러 유형으로 나눌 수 있다. 예컨대 비용의 지원 형태에 따라서는 직접지원과 간접지원, 지원 시기와 관련해서는 사전지원, 사후지원, 수시지원, 연속지원, 지원 목적에 따라서는 일반지원 혹은 정기지원과 특별지원 등으로 구별할 수 있다.

직접지원이란 말 그대로 문화예술인들이 창작과 발표활동을 하기 위한 비용의 전부 또는 일부를 문화예술인들에게 직접지원하는 것이고 간접지원이란 직접지원하지는 않지만 궁극적인 효과가 문화예술인들에게도 돌아갈 수 있는 다양한 지원 방식을 가리킨다. 지역자치단체나 재단에서 지원하는 방식은 직접지원, 그것도 발표활동에 대한 직접지원이 대부분이다. 그러나 창작활동이나 창작활동을 위한 연수, 체험 등에 대한 비용지원도 직접지원의 하나라고 할 수 있다. 간접지원은 말 그대로 매우 다양하다. 공연티켓 비용을 일부 지원하는 사랑티켓이 대표적인 간접지원 방식의 하나이며 예술인들이 창작활동을 할 수 있는 하드웨어적 인프라를 조성하거나 문화예술을 향유할 수 있도록 시민들에 대해 교육활동을 하는 것 역시 간접지원이 될 수 있다. 문화예술과 관련한 정보의 제공이나 홍보 역시 간접지원의 영역에 들 수 있다. 그러나 간접지원은 그 영역을 확산하다 보면 문화예술과 관련한 공공 재정의 투자 전체가 지원으로 연결될 수 있는 애매한 부분이 있는 것도 사실이다.

사전지원이나 사후지원, 그리고 수시지원과 연속지원이란 발표나 창삭 활동에 앞서 지원하는가 아니면 그 설과물을 평가하여 나중에 지원하는가, 혹은 지원의 기간 등에 따라 구별되는 경우이다. 여기에서 수시지원이란 꼭 시기 문제에 해당되는 사안이 아닐 수도 있다. 즉 수시지원은 기존의 지원 체계에 의해서 포착되지 못한 우수한 문화예술 활동에 대해 그때그때 여건에 맞게 지원할 수 있는 방식을 가리킨다. 또

연속 지원도 한 회에 한해서 지원하는 것이 아니라 일정한 기간을 정해서, 예컨대 특정한 예술적 성과물이 나올 때까지 몇 년간 지속적으로 해당 예술인이나 단체에게 집중 지원하는 경우를 말한다. 사후지원에는 한국예술위원회가 제정한 올해의 예술상 같은 경우도 해당될 수 있다. 미술은행 제도 역시 미술작품을 국가나 공공기관이 구입함으로써 미술인들을 사후에 지원하는 것으로 볼 수 있는 측면이 있다.

한편 정기지원이나 특별지원은 매년 시기를 일정하게 정해서 문화예술의 여러 분야를 총괄적으로 지원하는 사업은 정기지원으로, 지원 주체가 특별한 정책적 필요성과 목적을 갖고 특정 영역에 한정하여 지원하는 방식은 특별지원으로 나누는 경우를 가리킨다.

그런데 실제 현실에서 이루어지는 지원은 이런 유형들이 모두 다양한 방식으로 조합되어 있으므로 지원 방식만 놓고 일괄적으로 평가하기는 힘들다. 장르 특성이나 지원 대상의 성격에 따라 그 방식은 유연하게 달라질 수 있는 것이다. 즉, 중요한 것은 적절한 지원 목적, 효과, 현실적 여건 등을 고려해 지원정책을 유연하고 탄력적으로 수립하여 집행하려는 열린 자세일 것이다.

3. 지원사업의 바람직한 방향을 위하여

앞에서도 언급한 바이지만 공공의 재원을 문화예술에 지원하는 이유는 지역의 문화를 활성화시키고 그 결과가 시민과 지역 사회에 긍정적으로 영향을 미치기 때문이다. 그런 점에서 지역에서 기획되는 지원프로그램은 지역의 문화현실에 대한 깊은 이해와 연구를 배제하고서는 그 역할을 다 할 수 없다. 지역의 특성을 고려하고 지역이 처한 문화와 예술의 현실을 고민하면서 세심한 지원프로그램을 기획하고 개발해야 한다. 특정 장르가 활성화되었다고 해서 그 영역에 대한 지원을 계속 확대해 가는 것이 옳은지, 혹은 침체된 장르를 활성화시키기 위한 지원프로그램을 개발하는 것이 우선인지 쉽게 판단하기 어려운 것이다. 그럴 때에야 말로 장기적인 안목과 비전을 갖고 지원사업의 틀을 짜는 일이 중요할 것이다.

다른 한편 지원이 결정되고 실제 지원이 이루어진 이후 해당 사업에 대한 평가를 어떻게 진행하고 이를 다음해 지원에 어떻게 반영할 것인가도 중요하게 생각해야 할 문제이다. 문화예술의 특성을 무시하고 일률적인 잣대와 계량화된 기준을 가지고 예술활동을 평가하는 것이야말로 관료주의적 발상일 것이다. 그렇다고 공공의 재원이 지원된 사업에 대해 평가를 하지 않을 수도 없는 문제이다. 문화예술의 특성을 고려한 평가와 환류시스템을 어떻게 만들어 내고 시행할 것인지는 여전히 남은 숙제이다.

또 기존의 지원 방식은 직접지원 형태와 창작발표에 대한 지원이 대부분인데 과연 이런 지원 방식을 확대하는 것이 타당한지도 고려해야 한다. 지역 문화재단들의 기금지원사업을 제외하고도 다양한 방식의 지원시스템을 고민해야 한다. 공모 지원 방식이 꼭 지원의 전범인가도 의심스럽다. 공모에 제안된 제안서가 부실한 경우도 많고 열심히 창작만 하려는 예술가들은 정작 지원에 응하지 않는 경우도 많은 것이다. 이것은 지원액을 늘린다고 해서 그것이 꼭 지역문화를 활성화시키는 데에 순기능을 하는 것만은 아니라는 것을 의미한다. 요컨대 직접지원 방식이나 발표활동에만 지원하는 것을 재고할 필요도 있다는 것이다. 예술가들에게 창작을 위한 연수와 체험의 축적, 문화예술을 향유하고 창작할 수 있는 여러 여건과 기반의 조성, 혹은 그것과 연계된 프로그램의 개발도 새로운 발상으로 고려해야 할 때가 아닌가 하는 것이다.

마지막으로 실무적인 차원에서 지원사업의 다양한 사례별로 표준 예산안을 개발하여 제시하는 일도 필요하다. 공모에 접수된 사업계획서 중 예산 항목을 보면 인쇄비, 강의료, 재료 구입비 등이 개인이나 단체별로 천차만별인 경우가 허다하다. 여기에 더욱 중요한 것은 예술인들의 창작활동, 발표활동의 노력에 부응하는 정당한 보상의 근거도 마련되어야 한다. 사업 예산을 편성할 때 정작 예술인 스스로 창작활동에 들어가는 노동의 대가를 대부분 제외하고 있다. 지원 예산의 상당 부분이 장소 임대료, 도록이나 프로그램 인쇄비, 장비 임차료 등으로 소모되고 정작 예술인 스스로에게 지원되는 건 미미한 액수이거나 전혀 없는 경우도 있는 것이다. 지역문화를 일궈가는 예술인들에 대한 정당한 대우가 필요하다는 인식이 사회적으로도 확산되고 문화예술의 예산을 편성해서 지원하는 행정기관도 그 점을 인식했으면 하는 바람이다.

저자 **이 현 식**(李賢植)

1966년 인천생, 연세대 영문과 졸, 연세대 대학원 국문과 졸(문학박사). 1997년『문학
과사회』(문학과지성사 간) 추천으로 평론 등단, 연세대, 인하대, 인천대 강사 역임. 추
계예대 대학원 문화예술학과 겸임교수 역임. 인천발전연구원 연구위원, 인천문화재단
사무처장 역임. 현재 인천문화재단 기획경영본부장, 인하대학교 교육대학원 겸임교수.
주요 저서로는『문화도시로 가는 길』,『왜 지역문화인가』,『제도사로서의 한국근대문학』,
『일제 파시즘 체제 하의 한국근대문학 비평』,『곤혹한 비평』등이 있음.

글누림 문화예술 총서 10

성찰적 창조도시와 지역문화

초판 인쇄 2012년 5월 15일 | **초판 발행** 2012년 5월 25일
지은이 이현식
펴낸이 최종숙
책임편집 전희성 | **편집** 이태곤 권분옥 이소희 박선주 임애정 | **디자인** 안혜진
마케팅 박태훈 안현진 | **관리** 이덕성
펴낸곳 글누림출판사 | **등록** 2005년 10월 5일 제303-2005-000038호
주소 서울시 서초구 반포4동 577-25 문창빌딩 2층
전화 02-3409-2055(편집부), 2058(영업부) | **팩시밀리** 02-3409-2059
홈페이지 http://www.geulnurim.co.kr | **이메일** nurim3888@hanmail.net

ISBN 978-89-6327-195-8 93300
정 가 20,000원

* 잘못된 책은 교환해 드립니다.